JN175698

少肥・旬を大切にして 生物の多様性を活かすことが 無農薬を可能にする

栃木県那須烏山市・戸松 正さん

ピーマンのウネ間にはクズ小麦をまいてリビングマルチに。
ピーマンが生長するとムギは倒伏して敷きワラになる

有機農業歴三五年の戸松正さんは、これまでの経験から、「少肥で、作物の旬を大切にし、生物の多様性を活かすことこそが有機無農薬栽培を可能にする」という。戸松さんが自然から学んだ農法でもある、クズ麦をまいてリビングマルチとしたり、混植などを取り入れて無農薬栽培を続けている。

（本文51ページ参照　写真・黒澤義教）

現代農業二〇一一年八月号
クズ麦マルチとコンパニオンプランツで
無農薬野菜つくり

無肥料だからじっくり生長 だから生まれる味わいのある野菜

茨城県行方市・仲居主一さん

サツマイモの苗を植えた直後の姿。肥料がないからか、紅葉している。
ツルを固くつくると発根は遅れるが、味わいのあるイモをつくることができる

手に持っているのはナシウリの苗。葉が小さく厚く、節間も詰まっていて、子ヅル・孫ヅルが出やすいという

仲居主一さんは、三haの畑で周年、無農薬無肥料栽培で野菜をつくっている。肥料を入れると生育スピードが速すぎて、作物が本来持っている生育形態を表わさなくなるし、収穫物も味わいのあるものにならないという。

（本文24ページ参照　写真・赤松富仁）

肥料がないせいか、サツマイモの苗からは3 ～ 4本の子ヅルしか出てこない。畑の土が見えなくなるほどツルが繁茂するようなことはない

右ページのナシウリの苗の根。肥料っ気のない中での育苗で、ミネラルを吸う根が発達するのではないか、と仲居さん

味わいのある野菜はできない
肥料で生育を急がせては
現代農業二〇〇九年八月号

草生・ミミズ・無チッソでおいしいブドウに行列

山形県寒河江市・工藤隆弘さん

メインのブドウを直売している工藤さんは、肥料らしきものをこの十数年ほとんどやっていない。つくるブドウは直売しているのだが、毎年長蛇の列ができるほどの人気。一〇〇種類以上の草が大地を耕し、根酸を出してミネラルや肥料分を吸収、その枯れた草を微生物が食べ、それをミミズが土と一緒に食べて、団粒化してくれる。あとは雨水からのチッソの供給があれば年々土は肥沃になっていくから、それだけで十分という。写真はオリンピア。（本文90ページ参照　写真・赤松富仁）

オリンピアの園地（6月6日撮影）。
チッソを30年入れていない。
雑草はまったく刈らない

シャベルでひと掘りしたら、ほらこのとおり。ミミズのいる土を見せる工藤さん

葉はまるでゴムでできているかのように分厚く、小ぶり。葉柄のつけ根がこぶのように膨らんでいるのは貯蔵養分が十分たまっている証拠

葉脈はくっきり浮き上がり、波打つ葉。ロウを塗ったように光り、葉の縁は鋸の歯のように鋭い

シャベルでひと掘りした土。無数のヒビができて、そのヒビづたいに草の根が伸びている。ミミズの孔（矢印）もたくさんある。団粒構造になっているようだ

やや表層にいるツリミミズの仲間

フトミミズの仲間のニオイミミズ。硬めの土にいる

深さ15cmほどのところにいたフトミミズ

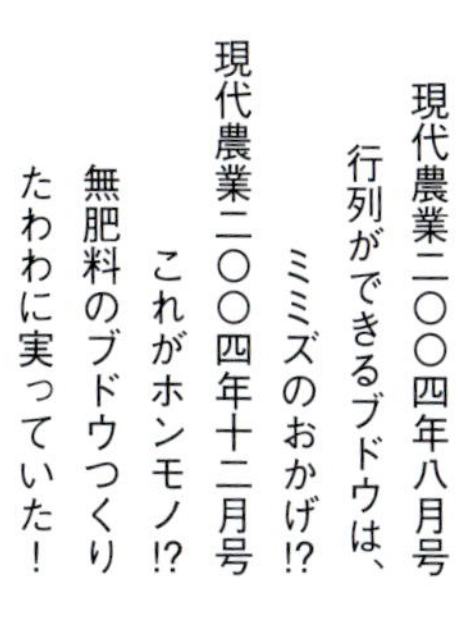

4月7日　田植え前20日頃の冬期湛水＋不耕起田んぼの様子（不耕起栽培歴18年）

不耕起＋冬期湛水＋米ヌカ五〇kgだけで
生きものを育んでコメ一〇俵

千葉県佐原市・藤崎芳秀さん

不耕起田では土を動かさないので、池沼のような環境になり、多くの生きものが棲息するようになる。しかし、それだけではない。年々肥料がいらなくなるというのだ。

（本文117ページ参照　写真・倉持正実）

水の下にはまずふわりとした層があり、その下の土は手ですくうのが難しいくらい滑らかなトロトロの土だった

ふわふわトロトロの土の層をそっとどかしてみると、収穫後の田面そのままのワラの層。冬の間、微生物やイトミミズたちがせっせと土をトロトロにし、ワラの上に盛り上げてくれたようだ

あちこちにカエルの卵塊と、生まれたばかりのオタマジャクシ

去年、冬期湛水の不耕起田でついに無農薬10俵の収量を上げた藤崎芳秀さん。肥料はなんと、秋の米ヌカ50kgだけ

6月10日　田植え後40日頃
イネは開張してたくましい。冬期湛水にしてからとくに増えたのが手前に見えるアゾラ（アカウキクサ）。空中チッソを固定する能力がある

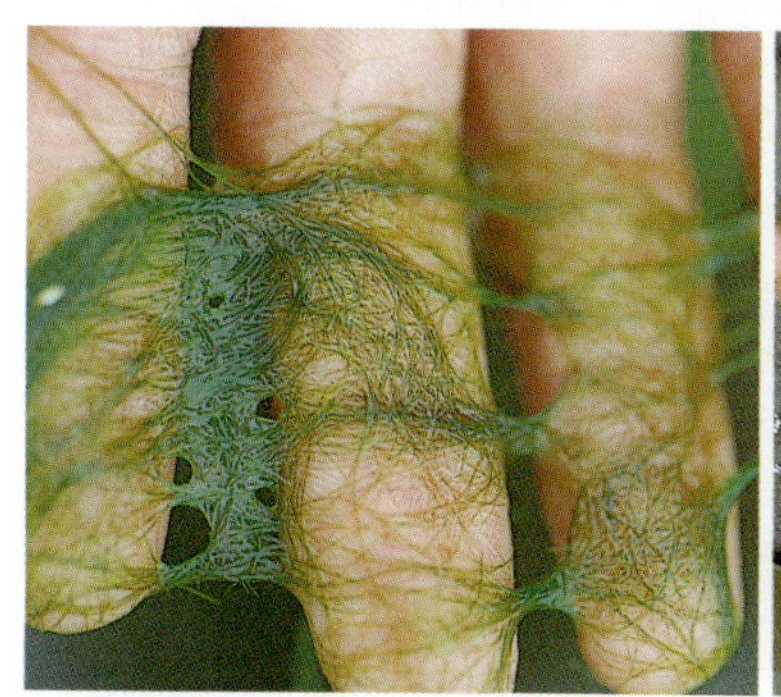

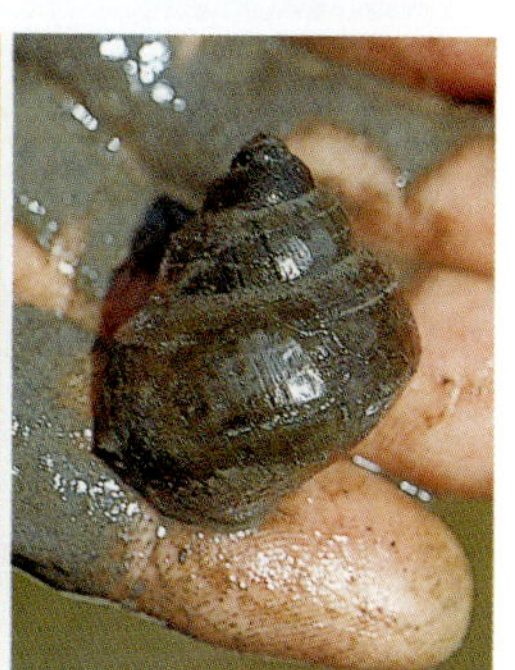

不耕起田に多いサヤミドロとタニシ

現代農業二〇〇五年十月号

秋に米ヌカをまいて、水をためた不耕起田
生きものいっぱいの田は肥料がいらない

田面に無数にいるのがこのイトミミズ（両側にひらひらの毛がついているのはエラミミズ）。トロトロ層をつくり、地面に頭を突っ込んで有機物を食べ、水の中に突き出した尾から糞を排出する。この糞の中にはイネの吸いやすい肥料がたくさん含まれているという

岩崎さんが育てた中国チンゲンサイ。自家採種をつづけることで、地域にあった自分だけの野菜をつくることができる。ガッツポースをしているような、こんな株張りのよいものが揃うようになった

同じ土地でタネをとりつづけるから生命力あふれる、たくましい野菜になる

長崎県吾妻町・岩崎政利さん

中国ハクサイを持つ岩崎さん。少ない肥料でもよく育つ非結球ハクサイ（点線ワク内）。点線ワクの両脇は市販されているミニハクサイ

岩崎さんは長崎市内の消費者にボックス野菜（無農薬栽培）を産直している。全部で約八〇品種つくる野菜のうち五〇品種が固定種で自家採種をしている。同じ土地でタネをとりつづけると、その土地に適応するので、生命力あふれる、たくましい野菜に育つ。このようなタネが無農薬栽培を支えてくれている。

（Part5を参照　写真・赤松富仁）

現代農業二〇〇一年二月号
固定種を自家採種した「私の野菜」はたくましい、おいしい

はじめに

「金をかけず、生き物のエネルギーを活かしながら自然農法楽しんでいます！」。本書を編集するにあたり、登場する農家から頼もしいお便りをいただきました。

これまで、「自然農法」といえば特殊な技術という印象がありましたが、それを実践している全国の農家の努力により、近年、ぐっと身近なものとなりました。新規就農や定年帰農、専業の後継者の中にも自然農法を「やってみたい」という人が増えてきています。

一口に「自然農法」と言っても、提唱した人や農家の解釈、土地条件によって多少違いがあります。共通していえることは、「自然の力を生かして栽培する」という原理と、そのために「無農薬・無化学肥料」で栽培するということのようです。

そこで、本書は、「肥料をやめたらどうなるか」「農薬をやめたらどうなるか」「草を活かしたらどうなるのか」「耕すのをやめたらどうなるか」「タネを買うのをやめたらどうなるか」という五つの角度から自然農法の実際に迫り、実践家それぞれの工夫や失敗談、導入し、継続させるコツや勘どころの他、科学的な視点の記事も含め、まるごと自然農法がわかる本としました。

自然農法は先人の知恵と未来への可能性が詰まっています。みなさまの作物づくりにお役立ていただければ幸いです。

二〇一六年五月　一般社団法人　農山漁村文化協会

目次

Part1 肥料をやめたら…

Part2
農薬をやめたら…

Part3
草を活かしたら…

Part4
耕すのをやめたら…

Part5

タネを買うのをやめたら…

執筆者・取材先の情報（肩書き、所属など）については『現代農業』掲載時のものです

＊裏表紙写真（公財・自然農法国際研究開発センター提供） 上：さまざまな形質のメロン、中：カブの母本選抜の様子

●品目別さくいん（50音順）

早わかり自然農法列伝

まとめ：編集部

「自然農法」は、提唱した人や農家の解釈、土地条件によって多少違いがある。共通していえることは、「自然の力や土の力を生かして栽培する」という原理と、そのために「無農薬・無化学肥料」で栽培するということのようだ。「自然農法」を提唱し、実践してきた主な人たちを見てみよう（敬称略）——

無肥料と愛で土の偉力を引き出す「自然農法」
岡田茂吉（1882～1955）

レイチェル・カーソンの『沈黙の春』（1964）や、有吉佐和子氏の『複合汚染』（1974）が世に出るはるか以前の 1935 年、世界救世教の創始者である岡田氏は、「作物に肥料を使うのは、人の健康に対する医薬や栄養の考え方と共通した誤りがある」と考え「自然農法」に取り組んだ。**「無農薬」「無肥料」**が原則。岡田氏の死後、堆肥や資材の使用の範囲や、EM（有用微生物群）技術の活用の有無など意見は分かれるが、「MOA自然農法文化事業団」「（財）自然農法国際研究開発センター」「神慈秀明会（しんじしゅうめいかい）」「黎明教会（れいめい）」などが、現在まで岡田氏の理念を引き継いでいる。

岡田茂吉の「自然農法」の考え方

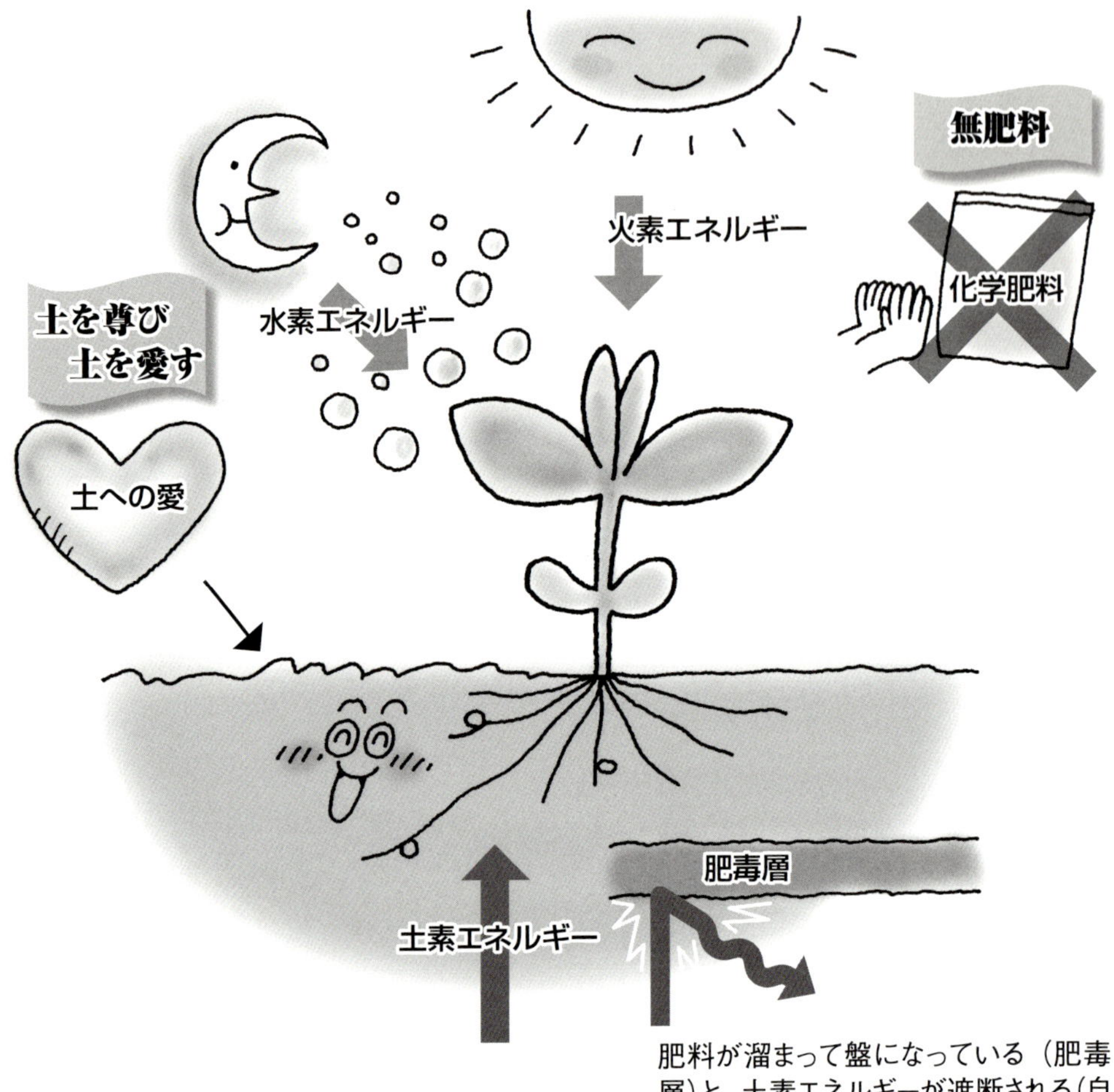

肥料が溜まって盤になっている（肥毒層）と、土素エネルギーが遮断される（自然農法成田生産組合の高橋博さん）

「人為肥料のごとき不純物」を入れずに土を清浄に保つと、肥料に邪魔されないので土本来の性能（土の偉力＝土にもともと備わっている、植物を健全に育てる力）が発揮される。

自然界では、熱や光をつかさどる太陽からは「火素エネルギー」、水をつかさどる月からは「水素エネルギー」、そして地球の奥からは「土素エネルギー」が出ていて、これら3つのエネルギー（霊気）が土に満たされると作物が正常に生育する。このことを理解したうえで「土を尊び、土を愛す」ると、土の偉力は「驚くほど強化される」。

作物も肥料を使うと一時的には効果があるが、やがて「土の養分」を吸う本来の性能が衰え、いつしか肥料を養分としなければならないように変質してしまう。

何もしない究極の「自然農法」
福岡正信（愛媛 1913〜2008）

高知県農業試験場の勤務を通して科学的知識の限界を知り、1947年から「自然農法」に取り組んだ。**「不耕起」「無肥料」「無農薬」「無除草」**を4大原則とし、播種と収穫以外は何もしない農法。人間の関与をなるべく排除し、より「自然」な状態にしておくことに答えを見出した。代表的な技術**「米麦連続不耕起直播」**は、「イネ刈り前にクローバのタネと、裸ムギのタネの粘土団子を播き、イネを刈ったらイナワラを振りまく。ムギを刈る前にイナモミの粘土団子を播き、ムギを刈ったらムギワラを振りまく」。著書『自然農法　わら一本の革命』は20カ国語以上に翻訳されている世界的なベストセラー。

草を生かす「自然農」
川口由一（奈良 1939〜）

専業農家の長男として生まれ、中学卒業後就農するが、化学肥料と農薬を使う農業で体を壊す。有吉佐和子氏の『複合汚染』、福岡正信氏の「自然農法」、藤井平司氏の「天然農法」に影響を受け、1978年から模索しながら「自然農」を確立。**「耕さず」「肥料は施さず（持ち込まず持ち出さない）」「農薬除草剤は用いず」「草や虫を敵としない」**が原則。圃場内の生命バランスを生かすために不耕起・不除草としている。「妙なる畑の会（奈良県桜井市）」「赤目自然農塾（三重県名張市）」などを通し自然農を全国に伝える。若者のファンも多い。

その他にも……

（ほんの一部です。他にも多くの方が自然農法を実践されており、敬意を表します）

天然農法

藤井平司（ひらし）

（大阪 1924〜2002）

育種研究家。伝統的栽培に野菜の育ち方の原理を探り、無農薬・無化学肥料栽培の方法を示した。川口由一氏など多くの自然農法家に影響を与えている。作物の姿・形に注目した『本物の野菜づくり』『図説　野菜の生育』（農文協）など著書多数。

自然栽培

木村秋則

（青森 1949〜）

世界で初めてリンゴの無肥料・無農薬栽培を成功させた。

化学肥料や農薬はもちろんのこと、堆肥や有機肥料をいっさい使用しない「無肥料栽培」の農産物を販売する（有）ナチュラルハーモニーの河名秀郎さんによると「芸術自然栽培」。

炭素循環農法

ブラジル在住の林幸美氏が提唱。炭素率の高い有機物のみを浅くすき込み、糸状菌にゆっくり分解させ作物に養分を供給する。

循環農法

赤峰勝人（かつと）

（大分 1943〜）

「すべてのものは循環している」という独自の哲学に基づく無農薬・無化学肥料栽培を実践。畑の草・虫・菌はすべて役割を持つと考え利用する。草が土から集めるカルシウムはとくに作物に必要なものとして重視。

Part 1
肥料をやめたら
・・・

炭素循環農法でめざす「虫の来ない野菜」(26p)

「無肥料栽培」が成り立つのはどうしてか

岐阜県高山市・与嶋靖智

「無肥料栽培」という名の栽培法が、今、一部で注目を集めている。肥料どころか堆肥もいっさいなしで作物が毎年育ち続けるというのだから驚きだ。収量は、普通に肥料をやる人の七～八割かそれ以上、中にはほとんど普通と変わらないくらいにとる人もいるという。もちろん完全無農薬。肥料をやらない栽培だと、虫も病気も寄らなくなるし、栄養価も抜群にアップするという。「肥料」っていったい何なんだ？

岐阜県の高原地帯でいろいろな野菜を無肥料栽培する与嶋靖智さんに原稿をお願いした。（編集部）

行き詰まってしまった有機農法

もし、私が有機農法で十分な収穫を得て、経営が安定し、品質・味・安全性ともに満足のいくものが生産できていたならば、決して無肥料栽培には踏み込まなかっただろうと思う。もともと化学肥料・農薬を使用する農業には抵抗があったので、無農薬への自分自身の信念だけは通そうというチャレンジ精神はよかったのだが、実際に有機農法に取り組むと様々な障害が生まれてきた。

「土づくりさえしっかり行なえば病虫害がなくなる」とは、有機農法の格言のようなもの。いいといわれる資材をいろいろ試し、お金もかけた。しかし……、解決できることよりも年々膨らみ続ける問題のほうが大きくなり、ついには極端な減収と、品質の低下を余儀なくされてしまっていた。

「私がこれから先、何十年努力しても無農薬は無理かもしれない……」

「無肥料栽培」は放任栽培ではないが…

こんな思いが年々膨らんできていた。その私に、起死回生にもなるような指針を与えてくれたのが無肥料栽培であった。

「無肥料栽培」とは、化学肥料や農薬はもちろんのこと、有機肥料（油カス、魚カス、骨粉、堆肥などを含む）などをいっさい使用せずに栽培する農業である。そして、決して放任栽培ではない。適度な除草や耕起は十分に行なうし、各種作物に適ったマルチ栽培、ハウス栽培などを否定するものでもない。

しかし……、それで農業経営が成り立っていくのだろうか。肥料なしでは土から養分を搾取するばかりで、土は年々痩せていき、ついにはまったく何もできなくなってしまうのではないか……と誰でもが思う。げんに私も最初はそうであった。

だが、事実はそれとは反し、この農法を実施する農家が近年全国各地で急速に増加している。なかには農家として二〇年以上もこの栽培を実施し、相当の成果（収量は、その地域の一般慣行栽培の一割から二割減が平均）を上げている人もいる。

肥料は毒、土を弱らせる

なぜ、無肥料栽培なのだろうか。実施農家の多くが「肥料は毒だ」「肥料で土が弱る」という。

一般的に肥料の害として知られているのは、化学肥料の連用による弊害である。土壌微生物（生物性）の激減や土壌物理性の悪化（単粒化）。

▼未分解有機物の弊害

有機肥料だとそのような弊害はないといわれているが、別な形で害を生むことがある。有機物を未分解の状態で土に混入すると、それを分解するためにあらゆる微生物が旺盛に働く。このとき、分解程度が浅いほど、土壌病原菌に属するフザリウム・ピシウム・ネコブセンチュウなどの増殖を促し、発生する未熟ガスが作物の根を傷めてしまう。

著者

無肥料栽培のトウモロコシ。左はトマト

▼土壌の良否の判断法

ところで、土壌の状態の良否は、ベッド（ウネ）の土と、その上のマルチの内側につく水滴（マルチ水滴と呼ぶ）のpHの違いでわかる。通常の原野などでは、この両者間には差がない。しかし、施肥栽培を繰り返し、未熟な有機物の連用を繰り返しているようなところでは、ベッドの土よりもマルチ水滴のほうが酸性になっている。現在の日本のほとんどの耕作農地がこの状態にある。逆にいい土といわれる状態は、マルチ水滴のpHのほうが高くなる。無肥料栽培では、この状態の土になることが目標である。

▼硝酸塩の害

また、「肥料は毒だ」といわれる最も代表的なことに、農産物中の硝酸塩（硝酸態チッソ）による人体への害がよく知られている。硝酸塩は人体に入ると、血液中のヘモグロビンと結合し、極度の酸欠状態と呼吸阻害を引き起こす（チアノーゼ現象）ほか、体内のアミンと結合し、ニトロソアミンという発癌物質にまで変化する。近年このことが広く知られるようになり、減肥の必要性が叫ばれ始めたが、実際の現場レベルの農業においては収量の減少を懸念して、なかなか解決に動かないのが現状ではないだろうか。

また、減肥対策の一環として化学肥料から有機肥料へと移行する産地も多く出てきたが、実際の収穫物中の硝酸塩を計測すると、かえって有機肥料施用時のほうが硝酸塩残留度が高く計測されてしまったという事例が数多く報告され始めている。

▼過剰チッソの弊害

有機・無機を問わず、施肥に伴う過剰チッソは様々な障害を生み出す。土壌中の塩類濃度の上昇は浸透圧を高め、作物体から水分を逆流させることで起きる「根焼け」のリスクや、硝酸塩が土壌に集積するとカルシウムやマグネシウムなどの塩基の流亡が促進されてしまうこともある。また、特に過剰チッソ施用は、農地の周辺水系の富栄養化や地下水の高濃度チッソ汚染にもつながっていることを忘れてはならない。

無肥料でなぜ作物が育つのか

さてしかし、無肥料なのになぜ作物は立派に育つのであろうか。これはなかなかの難題である。

▼植物の根の自作自演で作物は生長

植物は、光合成などの同化作用によって生まれた物質の一部を、根の表皮細胞から高分子の有機物（ムシゲル）として放出している。このムシゲルはC／N比が高く、チッソ固定菌や菌根菌などの活動を促進している。これらの微生物が外界から集めてくるチッソやリン酸などの量ははかりしれない。

また、意外に多いのが根の脱落細胞。地中には、作物自身がどんどん根を張らし、新陳代謝して細胞を脱落させる。ときには枯死した残根という形でも地中に有機物を供給する。これらはムシゲルとは逆にC／N比が低いため、タンパク質分解微生物が根圏を取り巻いて活性化し、その働きに伴って多量のアンモニアを生成させている。

このように、根が分泌した有機物は、新しい物質へと変化し、根に再吸収されていく。植物は自らが生き繁栄するために、周りの土壌と微生物を根の働きによって豊かにし、そこから自らが生長する糧（肥料）を得るという、まさに自作自演で生長するような仕組みを持っている。

無肥料のダイコン。勢いがある（三重県・村山森秋さんの畑）

▼チッソ固定菌などは無肥料でこそ活躍

ここで注目すべき点は、このような作物の自作自演現象が、施肥条件下では著しく劣ることである。無施肥条件で土壌中の残留肥料がなくなったときほど、チッソ固定菌、リン酸吸収を助ける菌根菌などは増殖をはじめ、菌体肥料として直接作物を助ける力となるのである。

現在の科学では説明できないが……

▼現在の科学で説明すると…

これらの微生物の働き、また降雨や地下水に含まれる肥料分、そして地力チッソの放出……など、無肥料栽培のチッソ源はもう少し挙げられるかもしれない。だが、それら天然供給のチッソ量を「過大評価」したとしても、やはり、無施肥条件下で長期にわたり作物が一般栽培に劣らないほど収穫できるという理由を、今現在の農学の範疇では十分説明できない。

現在の施肥農業は、植物を生育させる栄養素はチッソ・リン酸・カリのほかに一六種の必須微量元素が必要で、植物の生産量は最も不足する無機成分量に支配されるという「最小養分律」の概念が基本になっている。したがって、不足成分をバランスよく補うことが大切になる。

しかし無肥料栽培の場合、不足成分を人為的に補うことはない。植物は必要不可欠な成分をどのように得ているのであろうか。

▼「元素転換」が起きている？

その答えとなる説のひとつに「元素転換」がありそうだ。一般の化学では異端視されている説だが、量子力学の見地からすると、その正当性が成り立ってくるそうである。元素転換は常温核融合と同じく、ごくわずかなエネルギーでも起こり得るといわれている。そのエネルギーのもとになっているのが、植物と人間が共通してもつ微弱な生体電流だともいわれ、特に人が放つ生体電流は作物の生長に大きく影響を与えているのだそうだ。簡単にいえば、農家の体や心の状態までもが作物に影響する。つまり農家が愛情をもって作物に接し世話をする、その心の声こそが、見えない肥（こえ）になっているのかもしれない。

『現代農業』二〇〇五年三月号で紹介された旧暦を応用した農業も、宇宙規模の生体電流（月の場合は引力）の影響だと解釈すれば説明ができよう。このようなエネルギーは、すぐさますべての農地で作用するとはいえないだろうが、条件さえ整えば、無尽蔵に供給されるらしい。

無肥料栽培に移行するには

これまで普通に肥料や農薬を使って農業をやっていた人が無肥料栽培に転換した場合、すぐに安定的な収穫を得られるということはまずない。土壌が無肥料栽培に適うように変化し、生産量が安定するまでには三年から五年ほどかかるといわれている。無肥料栽培実施にあたって、取り組むべき課題は大きく挙げて二つ。

▼土にたまった肥料・未分解有機物を抜く

ひとつには、土壌中に含まれる残留肥料と未分解有機物をできるだけ早く除去、浄化させることである。長期的にみた無肥料栽培の収量の推移は、その残留肥料が抜けるまでの期間は減収するが、抜けきったある時点からみるみる収量が増収へ転ずる傾向がある。ある時点から土壌の何かが変わるのである。

残留肥料が化学肥料主体の場合は溶出が早く残留性が低いため、数年のうちに土壌が変化する。しかし有機肥料の場合は土壌粒子との結合が強く、溶出と分解も緩慢で残留肥料（肥毒）が抜けるのが遅いため、土壌の変化には長年を要する傾向にある。

▼重要な環境整備と物理性改善

二つ目は、田畑の環境整備と物理性の改善である。たとえば水はけの悪いところは改良し、畑地で耕盤層がある場合はそれを解消する。また、作物ごとに合った栽培体系をさらに研究し、好適な栽培環境づくりに努めることが大切である。この点は農業の基本であるが、一般には施肥という外力によって、そのような内的環境要因の優劣が見えにくくなっているのも事実であろう。

無肥料栽培で尊重するのは、施肥概念の最小養分律ではなく、作物のもつ力を最大限に発揮させられるための「最小環境律」の向上である。

▼自家採種がよい

また、現在の作物品種は多肥要求性のものが多いことから、それとは逆の無施肥条件に十分適うような品種があれば理想的である。それには農家による自家採種が最もよい。

大自然と土の偉力を感じよう

無肥料栽培の作物は、施肥によって生じる物質的な過剰がないため、病虫害がきわめて少なくなる。これは、自然の原野山林がそうであることにも共通している。

実施農家は、「転換後数年は不安定だったけれども、次第に収量が伸び、品質も格段によくなり、きわめて安定してきた」「肥料代がなくなったので、ほかの機械や設備などにお金を使うことができ、総合的に作業がラクになり、収入にもゆとりがでてきた」などと、皆共通して口にし始める。あわせて極端な天候の変化や生理障害に影響されない強靭な作物が育つ状態となり、そこから収穫される農産物は中国漢方医学でいわれる「上薬」以上の働きをもつような力強い農産物が収穫できる。

無肥料栽培に固執し、すぐさま実施することは難しいとしても、現在の過剰施肥がもたらしている様々な土壌障害を今一度見つめなおし、今まで気付かなかった、はかりしれない大自然と土の偉力を見出すべき時期が来ているのではないだろうか。無肥料栽培はその新しい可能性を感じさせる。

（無肥料栽培のホームページ http://www.h3.dion.ne.jp/~muhi/）

現代農業二〇〇五年十月号 うわさの「無肥料栽培」とは

無肥料栽培の現場より

千葉県富里市・高橋 博さん（編集部）

「自然農法」の精神と技術で

もう二〇年以上も自然農法を続けてきている筋金入りの人物、高橋博さんにもお会いできた。

「自然農法」と一口にいっても今の世の中、やり方は人によっていろいろなのだが、高橋さんの場合は、有機肥料やボカシ肥はもちろん、微生物資材や家畜糞堆肥など、外から持ち込むものはいっさいない方法だ。純粋に「土の力」だけでつくる自然農法で、これは、故岡田茂吉氏の教えをそのまま実践するやり方。緑肥や畑に残った作物残渣は地上にしばらく置いてからすき込んだりはするが、基本的には畑の中に水田由来のイナワラやモミガラを入れたりもしない。だが、草は生えっぱなしにしたりしないし、機械もビニールもパオパオなどの被覆資材も普通に使う。

高橋博さん

肥料でなく「土の力」で作物は育つ

「『自然だって木の根元に落ち葉が積もるから循環が成り立つのだ』といって有機肥料をやりたがる人がいるけどそれは違う。昔から、庭の柿の木は落ち葉をすっかり掃かれても、毎年無肥料でたわわにカキをならせてくれる。街路樹だって落ち葉は掃除されてしまうのにちゃんと生きてる。極めつけは岩場の松。何も肥料はなくたって土さえあれば作物は育つのです」。作物は肥料で育っているのではなく、「土の力」で育っているのだと高橋さんはいう。

実際そうやって、高橋さんは無肥料無農薬で二〇年以上、三町歩の畑を経営している。ニンジンは毎年三t以上、ダイコンは五t以上、若干小ぶりかもしれないが、そろいもよく栄養価が高く、ものすごくおいしい「本物の野菜」だ。「無理やり消毒しないでつくってるんじゃないよ。病気も虫も草も出なくなったからしてないだけ。普通の農業はその問題が解決できないから、仕方なく肥料や農薬を使うわけだな。もっと根本的なことを解決すれば、そんな『問題』は二度と起きないのにな。自然農法はラクなものだよ。苦しんでやるのはおかしいね。そりゃ最初のうちは辛いかもしれないが、それはそれまでおかしなことをしてきたせいだから、自業自得だ」

作物を育てるのは「エネルギー」

しかし本当に、肥料もないのにどうして作

物が育つのだろうか?

試験場も不思議に思って調査に来たが、五年調査してもわからなかった。データからは高橋さんの畑は普通の人の約一〇分の一しかチッソ分がないことがわかった。

高橋さんの考えでは、作物を育てるのはチッソではなく「エネルギー」。今のところ、そういう言葉でしか表現できない何らかの力を感じている。一四ページの図のように、太陽・月・地球からそれぞれエネルギーが出ており、これらのエネルギーを存分に発揮させることが、自然農法の技術だと考える。

昔はどこでもこのエネルギーで作物がよく育った。が、その力が弱まり、収量が上がらなくなってきたので、人工的に肥料で補うようになったのが今の世の栽培だ。高橋さんが就農した頃と比べると、今は肥料も農薬も倍以上使う時代になった。そして、この土からのエネルギーを極端に弱めているもの、それが高橋さんのいう「肥毒」の層なんだそうだ。

「肥毒の層」発見

高橋さんは、自分と仲間の圃場を五年間かけて掘りまくったことがある。いろんな人のいろんな土質の畑を掘ったが、共通して、地下三〇~四〇cm辺りに「肥毒の層」が発見できた。その層より上も、その層より下も、温かくて軟らかい土なのに、その層だけが温度を測ると明らかに冷たい。そして固く、水はけを悪くしている。

俗にいう「耕盤」ではあるが、高橋さんはこれは機械のすき床であるせいだけでなく、それまで長年蓄積してきた肥料と農薬の害がここに固まって出てきていると考えている。

高橋さんもおじいさんの代からの畑なので、長年の蓄積が肥毒の層をつくってしまった。これがある限り、地球の中心から放たれている「土素エネルギー」がうまく作物まで届かない。地上にエネルギーが放たれることでこそ、自然農法はうまく循環していくのだ。

マメ科とイネ科で肥毒を抜く

無肥料栽培に切り替える人は、この肥毒の層をなくすことから始めなくてはならない。耕盤破砕といってよくやるサブソイラや深耕ロータリは一時的にはいいかもしれないが、結局は肥毒を畑全体に散らすだけ。三年もするとまた、ボンと戻って盤ができてしまう。

肥毒をちゃんと抜き取るには植物の力を借りるしかない。まずはダイズやムギ、またはマメ科とイネ科の緑肥をつくることから始める。最初はマメ類をつくっても、虫や病気がよってきてメチャクチャになってしまうかもしれない。だが、それこそがマメ類が肥毒を浄化してくれている証拠である。そうやってだんだんに農薬なしでものができるようになってきたら、果菜類をつくる。最終目標は葉菜類が無農薬でできる畑だ。

ちなみに、これまで有機栽培をしてきたおかげで「掘ってみても肥毒の層が見つからない」という人もいる。耕盤のないフカフカの畑――。だが高橋さんによると、これは土の中全体に肥毒が散らばってしまっている状態で、じつに始末が悪い。目に見えない肥毒が抜けきらないうちは、やはり虫や病気の発生に悩まされ続けることになるそうだ。

★★★

高橋さんの考え方をすぐにそのまま受け入れるわけにはいかない、と思う人も多いかもしれない。だが、完全に無肥料無農薬で、作物本来の力が発揮された栄養価の高い野菜が安定してとれ続けていることは、紛れもない事実のようだ。――ここから何を考えるか、感じるか、それとも「わからないから」といって見ないふりをするのか……。問われるところである。

現代農業二〇〇五年十月号
無肥料栽培の現場より②

肥料で生育を急がせては味わいのある野菜はできない

茨城県行方市・仲居主一さん（取材・赤松富仁）

何でもつくれる畑ではない

仲居主一さんは三町歩ほどの畑で周年野菜をつくっています。それも無農薬無肥料栽培です。さぞかしたくさんの品目を作っているのかと思ったら、なんと主要なものはたった五種類。あとは畑の状態を見ながら、お客さんの要望でコマツナなどを間作として少量入れているだけです。サツマイモは自家ダネのベニアズマ、サトイモも自家ダネの土垂、ウリはナシウリ、ニンジンははまべに、ジャガイモはキタアカリ、コマツナはよかった菜。品種もそれぞれ一種類だけです。

「私の畑はオールマイティーの畑ではない」と仲居さん。どういう意味でしょうか。

作物の体内時計に合わせて育てる

仲居さんは、もう二〇年近く畑には肥料も堆肥も入れていません。土壌診断もやっていないし、する必要はないと言い切ります。土壌診断をして何が足りないからと肥料を入れると、作物は人が仕掛けた（土を肥やす）環境での反応しか表わさないし、作物の生育スピードが速すぎてしまうといいます。作物が本来持っている生育形態を表わさなくなるし、そうしてできた収穫物は味わいのあるものにならない。人は、作物が持っている時計を早めてはダメなんだそうです。

それは、人が作物を、収穫物をつくっているのではないから。「私は、作物に素直に向かい合って、作物の生育形態に自分を合わせることしかできないのです」と仲居さん。ゆっくりと作物を生育させる、作物の体内時計で生育させることは、味わいのある野菜を収穫するにはあたりまえのことなのだそうです。肥料なんて私のつくる作物には邪魔になる——そう言いたげでした。

仲居主一さん。手にしているのは、ナバナを収穫後、残渣をすき込んだ後の分解途中の茎や根株。野菜収穫後の残渣が唯一、畑を肥やすもの

畑の残渣を置いていたところだけ、ジャガイモの生育が旺盛になった。ここは大きなイモがとれるだろうが、それは豆腐にたとえたら木綿豆腐の舌触り。仲居さんが求めるジャガイモは絹ごしなのだとか

満足に生育できる作物は数えるほど

仲居さんの畑はとても不思議です。大玉トマトをつくると、チッソ成分はゼロに限りなく近いはずなのに木ボケする。一段二段は奇形果、あとは樹が突っ走ってモノにならなかったといいます。味噌を造ろうとダイズを播いたら、実をつけずに枯れてしまった。根を抜いて見てみると、根粒菌がついていなかったそうです。

とどのつまり、仲居さんの畑で満足に生育できる作物は数えるほどしかないのです。今はやりの品種を播いても、途中で黄色くなって枯れてしまいます。

作物の姿をしっかり表現できるよう無肥料で苗づくり

肥料成分とはいわず「土の養分を吸う」という仲居さんは、苗づくりにもこだわります。

苗の床土は、10 年以上野積みにしたモミガラの上に落ち葉を積んだものを、20 年以上野積みした豚舎の敷料と混ぜてつくる。モミガラは真っ白になっている

ベースの作物はサツマイモとニンジンですが、サツマイモの苗は、まるでドクダミの葉と間違えそうな小葉。色もこころもち黄色い。無肥料で芽を吹かせるので、他の人が三反歩植える苗がとれるときにまだ一反歩分しか芽が出てきません。それを見越して、種イモを売ったら三〇万円くらいになるほど、量を伏せ込んでいるそうです。

その代わり苗は固くできる。本圃に植えても倒れない苗です。根づくのは遅いが、それでいいんだとか。ウリも、小葉でもっていき節間を詰めることで、子ヅルの発生がよくなるといいます。

こうすることで病害虫に強くなる。畑の肥料ではなく、ミネラルを吸える根が出る。そして、生育ステージごとに、そのときそのときの姿をしっかり表現しながら育っていく野菜になる、と仲居さんは見ています。

美味しいものをつくるのではない作物を見つめるだけ

できた収穫物を、お客さんが味わいがあると認めてくれるのも、苗から始まるこうした生育をしているからこそ。しかし仲居さんは、けっして美味しいものをつくっているとはいいません。作物がしっかり育っていくのを見つめているだけだ、と。

生育具合を見て、追肥をしたりするわけではありません。何もしないのに、作物の生きざまをしっかり見なくてはいけないというのは、作ごとに変化していく繊細な土地の状態を把握するためだそうです。つまり、今年の農業は来年の農業につながっている。今年の作柄を見て、来年植えるものを見定めるというわけです。

土の養分状態を見据えた輪作

仲居さんは輪作を続けていますが、巷の輪作とちょっと違います。養分の多い畑にはサトイモやニンジンを植える。養分が中ぐらいになったらそこにサツマイモを植える。養分が少なくなったらウリを植える。いよいよ養分が足りなくなったと感じたら、コマツナなどを入れてナバナとして収穫。残渣をすきこんで有機物を補給して土を甦らせます。

消費者の舌に感動を与えるという仲居さんの野菜は、肥料分の希薄な土の中で必死に養分を吸収し、ゆっくりじっくり生長する中で生まれてくるようです。仲居さんの生きざまが野菜の生きざまとダブって見えたのは私だけでしょうか。（カラー口絵もご覧下さい）

現代農業二〇〇九年八月号
肥料で生育を急がせては
味わいのある野菜はできない

炭素循環農法でめざす「虫の来ない野菜」

宮崎県綾町・山口今朝廣

うまくいっていた有機肥料の施肥はきっぱりやめた。代わりに始めたのは、廃菌床を使っての微生物のエサ補給農法――。

あこがれの「虫が来ない野菜」

「虫に食われるような作物は虫のエサで人間の食べものではない。虫のつかない作物になってこそ健康な作物である。それには無肥料に限る」

『現代農業』誌を通じて知った炭素循環農法（高炭素循環農法）の提案者、林幸美さん（ブラジル在住）はこう言います。虫が来ない？　虫が来ない野菜！　まさか、そんなことがあるのか⁇　と、初めは半信半疑。でも、野菜の生育はふつうでもよいから、虫の来ない方法があれば楽しい野菜づくりができるのだがなあ、とふだんから思っていましたから、林さんの理論（29ページ参照）を聞いたときは「目からウロコ」という感じでした。

宮崎県綾町の丘陵地帯にある山口農園は、二haの畑で年間二〇～三〇種類の野菜を栽培しています。二〇〇世帯あまりの消費者への宅配とレストラン、スーパーへの販売で、生産から販売まで一貫して経営しています。

これまで、鶏糞・米ヌカを主体とした有機農業を一二年、これに雑草・刈草等の有機物を加え、EM（有用微生物群）により土ごと発酵させて土壌を団粒化し、土の健全化を図るEM農法を一二年やってきました。その後、五年前から取り入れたのが、先ほどの炭素循環農法です。

炭素循環農法では、廃菌床などの高炭素資材を投入し、キノコ菌（木材腐朽菌）を活かします。畑の有機物を炭素率四〇前後の状態に保つことで、微生物が団粒構造の土を作り、病害虫の出ない健康な野菜ができるというのです。

山の養分は高炭素有機物から生まれている

有機農法もEM農法もけっして間違ったやり方ではありません。それに比べると、農薬はもちろん、肥料もいらない、余計なことはしないという炭素循環農法は常識外れのことばかりです。でも、自然のしくみを知れば知るほど、理屈にかなっているじつにおもしろい農法だなあと思うようになりました。

林さんはこんなふうに言います。

10a1t の廃菌床を散布したところをトラクタで耕す。初めの数年は、5 ～ 10㎝の耕深で浅めに、現在は10 ～ 15㎝

「自然界では落ち葉や草などが微生物に分解されて天然の養分となる。畑に肥料を入れれば作物は肥料で育つ。養分と肥料分の違い。無肥料栽培では、廃菌床や雑草、木材チップなどの炭素比が高いものを投入することで、微生物により天然の養分が生成され、それにより作物は育っていく。

肥料の世界には肥料の技術があり、無肥料の世界には無肥料の技術がある。それぞれの世界では正しい技術ですが、肥料の世界の技術を無肥料の世界に持ち込んではいけません」

これまで順調にやってこれたEM農法とのチャンポンでは、どれがどっちの結果かわからなくなります。本当に虫の来ない野菜づくりが可能かどうか、二ha余りの農園を一気に炭素循環農法に変えました。

筆者。下の写真は山口農園のトマトとナス

三年目にひどい生育ムラと害虫が異常発生したものの

廃菌床の施用方法は、一〇a当たり一作ごとに一t前後の廃菌床を施用後、すぐにトラクタにより土と混ぜます。廃菌床についている菌が生きていることが条件なので、熱を帯びたり堆肥化した菌床は施用しません。菌が生きている廃菌床なら、施用後すぐに播種・定植しても異常はなし、大丈夫です。

では、この五年間の野菜の生育ぶりを振り返ってみます。炭素資材としてはずっとシメジの廃菌床を利用してきました。

一年目…転換前は有機農法・EM農法期だったので、有機質肥料が土とよくなじんでいるのか、廃菌床施用後の生育ぶりは良好だった。無肥料なのに「こんなに生育するとか！」と感心。

二年目…場所によって生育がおかしくなり始めた。生育ムラが出る。

三年目…生育ムラが目立つ。大ぶりの野菜があったり、小ぶりのがあったり、その差がひどいところがあり、どうしてこんなになるの⁉ 場所によっては異常な害虫の発生あり。

四年目…全体的に持ち直し、ほぼ通常の生育範囲内に。小ぶりではあるがしっかりしている。このあたりから害虫の発生が少なくなった。

五年目…安定してくる。無肥料でもよく生育するものだなと思う。土づくりではなく、栽培技術の善し悪しによる生育不良はあり。

肥料の禁断症状は治まったが、害虫ゼロの目標はまだ

無肥料への転換後、二〜三年目あたりに、まずは生育ムラという現象が起きました。今まで肥料で育ってきたものが、無肥料（地力）で育つわけですから、肥料を抜くと、その土地の力がもろにわかります。

この生育ムラは、今までタバコを吸っていた方がやめて、健康な身体に向かう際に現われる禁断症状と同じようなものかと思います。好転反応とみるべきでしょうか。生育不良になった野菜には害虫の被害も多い。野菜に体力がないからです。

四〜五年たって安定はしてきましたが、炭素循環農法が安定するには必ずしも四〜五年かかるとはいえません。畑によって、炭素資材を投入する量によっても差があります。廃菌床だけでこれだけの生育であれば申し分ないとは思いますが、目標の害虫ゼロには至っていません。ただし被害は少なくなりました。

一方、畑の土には次のような変化がありました。

・菌床の中に炭素資材（ノコクズ）が入っているため土壌が軟らかくなる。
・腐敗型の有機物が入っていないため、ミミズが少なくなる（モグラも減る）。
・サラサラ土というより、ネバネバした感じ（納豆菌が働いていそう）
・排水性が向上。水がたまりにくくなる。

害虫ゼロに向けた改善点

この五年間やってきて、私のいちばんのねらいは虫のつかない野菜づくりなので、まだ虫がつく現状は四〇点の出来です。

▼雑草・緑肥・EMで環境整備も

振り返ってみるに、転換中に害虫が多発するような畑は、作物の代わりに雑草や緑肥を育てるのもいいかもしれません。土が腐敗型になったときは、EMなどで環境整備してから廃菌床を施用するのもいいかな。

▼作付けを早めることも

また、肥料に頼らずに地力だけで育てるので、作物の種類によってはタネ播き時期を早めたり定植時期を早めて若苗定植するのもよいかと思う。ふつうは六〇日で育つハクサイが八〇日かかるといったように、炭素循環農法の野菜は生育がゆったりしているからです。

▼廃菌床は微生物の寿命に合わせて二〜三カ月ごとに施用

私自身の今後の改善点としては、虫がつくのは微生物のエサ不足が原因なので、高炭素資材は作物一作ごとの施用ではなく、微生物の寿命に合わせて管理することです。二〜三カ月ごとに施用したいと考えています。微生物のエサになる高炭素資材は廃菌床に限りません。木材チップや山草などもあります。

虫のつかない美味しい野菜を慣行の三倍とる！

炭素循環農法は、新米もベテランも紙一重の（違いしかない）技術です。要は、畑に廃菌床をまくだけのこと。廃菌床が腐敗しないように気をつけて施用するだけ。ほかに技術というほどのものはありません。肥料栽培の

●●● 炭素循環農法とは ●●●

提案者の林幸美さんによると、有機物を分解する微生物は、C／N比40 を境に、これ以下ならバクテリア（細菌類）が、これ以上ならキノコ菌などの糸状菌が主に働く。糸状菌は、いったん縄張りを確保し有機物をガードしてからゆっくり分解するという性質上、一度に大量のチッソを必要としないのでチッソ飢餓を起こさない。逆に、C／N比が低い有機物は、急速な分解のために大量のチッソを一度に必要とするのでチッソ飢餓を招く原因になる。炭素循環農法をひとことでいうなら、農耕地における炭素循環を、森林なみかそれ以上にすることによる無施肥・無防除の自然農法。

炭素循環農法では、絶対量の多少にかかわらず、微生物などの土壌生物がもっているチッソ以外の無機態チッソは過剰と考える。慣行農法ではこの無機態チッソが肥料成分と考えるが、むしろ病害虫発生の直接原因。無機態チッソはいわば死んだチッソ、有機態チッソは生きているチッソ。死んだチッソが相対的に多ければ、絶対量は少なくても病虫害が出る。見方を変えれば、無機態の化学肥料でも、C／N比調整などでごく短期間に「有機化」する量ならとくに問題は起きない。

炭素循環農法の考え方

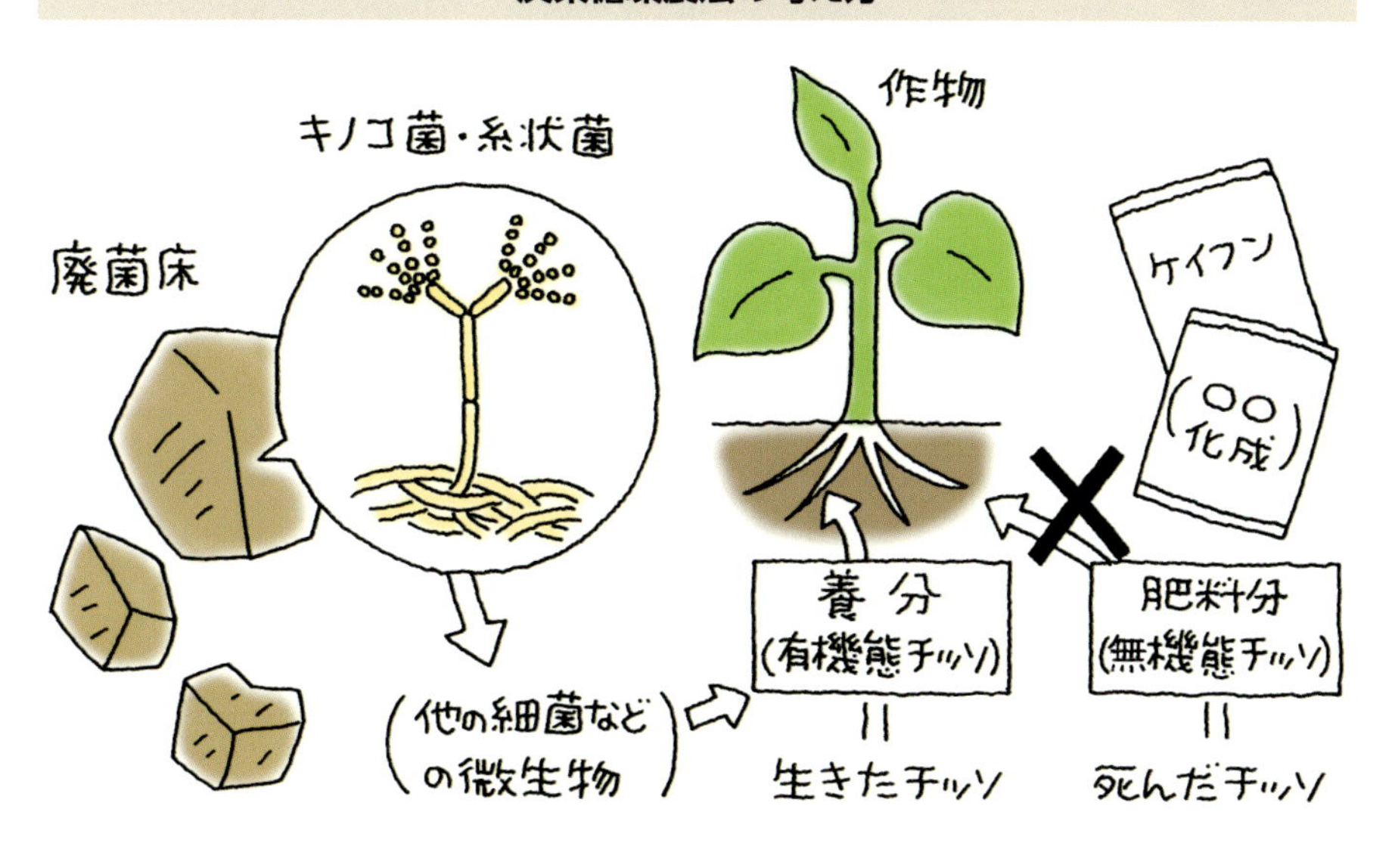

ように作物ごとの肥料設計などもありません。人間は微生物のエサを与えるだけです（微生物が勝手に土づくり）。品目ごとの野菜の作り方を覚えるだけで、誰でもできます。

そして、もうこのくらいの生育であれば十分という満足感は捨てる。まだ、完璧といえるほど成功した人は誰もいません。真の炭素循環農法は、慣行の二～三倍の収量で、味もよく、虫もつかなくなるそうです（いつになることやら……）。

じつは、農業の知識をもつほど、これが障害になり前に進みません。山口農園の主もそうです（笑）。また、農家によっては、生育ムラが出たときに経営面で成り立つかどうか、そこだけが問題かもしれません。

現代農業二〇一〇年八月号
炭素循環農法六年目
肥料でなく養分で「虫の来ない野菜」に近づいた

カメムシの「カ」の字も出ないイネになった

滋賀県野洲市・中道唯幸さん（編集部）

無肥料でも五俵とれた

　僕が三反の田んぼで無肥料無農薬の稲作始めたのは四年前。理由は、有機農業五年以上やってて、土がどんどん肥えて肥料がいらなくなってきてたから。あと今は米ヌカとかクズ大豆とか有機物って余ってるけど、これから有機農業がどんどん普及したら貴重になってくるかもしれないよね。だったら今のうちに少ない有機物でも続けられる技術を探っておいたほうがいいと思って。

　でもやってみて驚いたのは、無肥料で管理の仕方を特別変えたりしなくても、反五俵くらいはとれるんですよ。有機のところは、あれもこれもっていろんな資材入れて七俵くらいが平均値。僕のあのものすごい苦労は、たった二俵のためやったのか⁉　ってガッカリもしたんだけど。

自信もって一等米

　あとイネが、見ただけで「絶対病気なんか入らんだろうな」って姿になる。茎が堅くて葉っぱがショーンって立ってて。実際、病気はないね。

　虫も、カメムシで去年は明らかに結果が出たよ。普通は無農薬の田んぼでイグサなんか生やすとカメムシ呼び込むからダメだって言われるんやけど、去年僕の田んぼは、見事にイグサがビッシリ。けどカメムシの「カ」の字もなくて、自信もって一等。検査した人に、「中道くん、ごめんな。一等までしか押せへんねん。もっと上があったらええんやけどな」って言われたくらい。「肥料があるとアミドがカメムシ呼んでくる」って話は聞くけど、実際そうかもしれんって想像できる結果やったね。

ほかの田んぼも肥料減らした

　斑点米だけやなくて、シロタもないし、粒張りもいいよ。モミ数が少ないからかもしれないけど、とにかく外観品質は抜群にいい。

　抑草用の米ヌカペレットも使わないから草で苦労して収量は四〜五俵やけど、一俵三万円くらいで売れるから、損はしてないなぁ。大きな利益が出てるってことはないけど。

　無肥料やってから、有機の田んぼの施肥設計も前の半分に減らしたよ。とりあえず一俵くらい減ってもいいやと思って半分にしてみたら、実際には三〇kg減るかどうか。しかもクズ米のほうから減ったから、実害はほとんどなかった。逆に資材代も病害虫のリスクも減ったし、結果的にはものすごくつくりやすくなった。お客さんからは米の味がよくなったねーとも言われるようになったよ。

　でも無肥料のほうがおいしいかっていうと、そうはならないんですよ。単純にチッソ入れないからアミロース含量が減るかと思ったらそうでもなくて、むしろ有機で肥料半分の米のほうがアミロースは低くて味がいい。

　なぜかはまだわからんなぁ。でも、もう少し肥料を減らしてみるのはいいかもしれない。三分の一にするって可能性もある。とにかく無肥料やると今までの自分のやり方見直すきっかけになるから、ぜひちょっとでもやってみるべきやと思うわ。

現代農業二〇一〇年八月号

茶の新芽は肥料なしでも育つ！ 極力ハサミを入れない管理が鉄則

京都府和束町・上嶋伯協さん（編集部）

「無施肥無農薬でつくったお茶が一番だとは決して思わへんで」

無農薬ならまだしも、茶ではあまり類を見ない無肥料栽培。しかも宇治茶の大産地、京都府和束町での取り組みときている。

当事者である上嶋伯協さんの口からは、消極的な発言も飛び出したが……。

商品を増やすために無施肥無農薬栽培

上嶋さんが、この農法に挑戦しだしてからもう、かれこれ一三年になる。無施肥無農薬栽培の茶を扱う専門店に誘われて、「おもしろそうだなー」と思ったのがきっかけである。折よく、冬に改植するつもりで、整枝も防除もしていない茶園があった。「一反ぐらいやったら別にええやろ。アカンかったら、やめればいい」ぐらいの気持ちで、その茶園と茶樹をそのまま利用することにしたのだ。

「よく無施肥無農薬だから、経費もいらんし、作業もラクやろという人がいるけど、それは大まちがい。どれだけ手がかかるか。どれだけストレスがたまるか」

雑草のことである。ウネ間もさることながら、茶株の隙間を縫ってまではびこるのには参ってしまう。茶葉を摘採するとき草が紛れ込まないように、年間五回は草刈り、草引きをしなければならない。それでもめげずに無施肥無農薬栽培園の面積を拡大してきたのは、商品の〝アイテム〟を増やしたいからである。肥料を使った大多数の人が好む茶を主力にしつつも、無施肥無農薬茶の要望にも応えていきたい。

現在、上嶋さんは慣行栽培の煎茶、番茶、玉露、かぶせ茶、ほうじ茶、玄米茶、茎茶、抹茶、パウダー茶などを自販している。加えて、無施肥無農薬栽培の煎茶、番茶、茎茶、ほうじ茶。こちらは専門店に卸す（無施肥無農薬茶をほしがる人には専門店を案内する）。総面積四haのうち四〇aが無施肥無農薬栽培という経営である。

無農薬の茶園での草引き。年間5回は行なっている

無肥料で四〇〇kgとれる！

無施肥無農薬栽培をやってみて、上嶋さんは驚いた。茶芽は肥料がなくてもちゃんと伸びるのだ。

慣行栽培から切り替えた園は、初年度、残

肥のおかげで一番茶が反当たり五〇〇kg（慣行栽培とそう変わらない収量）とれた。以降は年数が経てば経つほど収量はガタ落ち……、と思いきや、「あるところまで減ったら、止まった」。逆境に強い「こまかげ」を植えている園に至っては、四〇〇kgを境に減収しなくなった。無施肥無農薬園では、茶葉がウネ間に落ちない管理をしているので、チッソ源といえば刈った草ぐらいのものである。

そんなわけで上嶋さんは、慣行栽培でも「化学成分のきつい肥料はいらんな」と思い直した。硫安や高度化成をやめて、有機主体に切り替えたのである。

昔は多肥ストレスで、落葉していた

じつは上嶋さん、かつては多肥の人であった。三月はじめの春肥で高度化成を八袋、一番茶の芽出し肥で硫安四袋、一番茶後にはチッソ成分の比率が一八もある化成肥料を四袋も五袋も、といった具合である。

上嶋伯協さん

「チッソをたくさんやると茶樹はいっときはパッとよくなって、新芽もよくとれるんやけど……」

そのあとには恐ろしいことが待っている。

「古葉がポロポロと付け根から落ちてたな。残った葉も反るようにして、ギューッと丸まってな。農薬がかかりにくいから、そこがダニの宝庫になってしまう」

そうなると、光合成もままならないし、樹勢も落ちる、翌年の土台になる葉も育たない。だから一番茶の時期になると、またたたみかけるように肥料。「綱渡り」であった。

「肥料を無理に吸わせて、無理に芽を出させてたから、茶樹がストレスを感じてたんやな」

おまけにウネ間はすこぶる硬い。雨落ち部より内側（茶樹の直下）には根があるのに、ウネ間には根が入り込めない状態であった。

有機物をドーンと入れたら、ウネ間にドブ臭

ただ、肥料を有機物に替えたからといって、ウネ間がすぐに改善されたかというと、そうでもない。なにせ有機物はかさばる。作業の手間から、秋一回、春二回、一気に反当三〇〇～四〇〇kgをドーンと入れていたら、

「茶園にダメージあるだけで、ええお茶にはならへんかったな」。ウネ間はジュクジュク。刈り落とす茶の枝葉は分解されずに、層になる。挙句の果てには、ドブ川のような腐敗臭である。根腐れも当然である。

無施肥無農薬茶園の土。やわらかい

無施肥無農薬茶園の夏の様子。親葉がしっかりしていて照りもある

そこで現在、慣行栽培では、二月初旬、三月初旬、三月下旬、九月初旬、十月下旬と、ゴマ油粕を主体に、だいたい反当二二〇kgずつ入れることにしている。分施のおかげで、有機物も落ちた枝葉もちゃんと分解して、ウネ間も「サラッとしている」。

肥料保険はいらない

肥料は過不足なく、茶樹の吸えるだけの量が年間通してあればいい。これが上嶋さんの描く施肥設計のイメージだ。つまり、必要量だけ補ってやればいいのだ。

「必要量がわからないから、肥切れしないように余計に入れてしまう。ただ、それは金もかかるし、返ってくるかどうかもわからん保険や。高い肥料を大量にやって、茶園を枯らかしてしまったら、なんにもならん」

有機物施用に切り替えてから、上嶋さんの肥料代は反当三万円ほど減った。

人からは「ようそれで（茶葉の）色持つなー」といわれるのだが、上嶋さんの返答は「なにもやらんでも、いけるんでなー」である。

ハサミを入れる数は少なく

上嶋さんは以前に比べて、茶園にハサミを入れる回数も減らした。

無施肥無農薬の茶園の摘採は一番茶とその番茶のみである。しかも、その後の整枝はおろか、秋整枝すらしない。無施肥なので、枝がボウボウに暴れることはないのだ。年内は存分に光合成させて、春整枝で対応したほうがいい。

無理して二番茶もとるから肥料が必要になってくる、整枝で葉を落とすから茶樹にダメージがかかる……、極力ハサミを入れない管理が無施肥無農薬栽培の鉄則なのだ。

慣行栽培でも考え方の根っこは同じである。肥料を入れるので、さすがに二番茶の摘採と秋整枝はするが、それでも年間に刈る回数は四回だけにしている（倒れた芽の刈りならしは除く）。

純煎で勝負！

無施肥無農薬栽培の茶には、よくいえば、昔ながらの懐かしい味と香りがある。お茶本来の風味とでもいおうか……。ただ上嶋さんは、それではちょっと物足りない。茶はあくまで嗜好品なので、もっと味をのせたい。だから肥料も使うわけだが、かといって、無施肥無農薬栽培の味を評価する声もむげにはできない。

「甘いだけがお茶じゃないと気づいた」

そこで、上嶋さんは慣行栽培の茶でも〝純煎特上茶〟を主力に置くことにした。純煎とは純粋な煎茶、つまり遮光していない茶のことである。一般的に摘採前に遮光資材で日を遮ると、茶葉は青みを増し、カテキンが少なく、まったりとした甘みが出るといわれている。問屋も高く買ってくれるので、和束町では、この「かぶせ茶」が主流なのである。

それを逆手にとった上嶋さん、自分の商品を「かぶせ茶よりも渋みや苦み、コクがあり、口の中でホワーっと広がり、香りが残りますよ」と売りだしている。

無施肥無農薬栽培の影響を色濃く受けたこの〝純煎〟で勝負をかけるつもりだ。

現代農業二〇一〇年十月号
茶の新芽は肥料なしでも育つ！
硫安と高度化成はやめた

無施肥無農薬栽培のほうじ茶

肥料、植物ホルモンと病虫害との関係を知る

広島県竹原市・川田建次

肥料では作物をコントロールできなかった

写真は、私の一五年間無肥料・無農薬のレモンである。このレモン園が経済栽培できるのは、植物ホルモンをうまく生かしているからである。

かつては私も、肥料で作物をコントロールしようと試みたことがある。しかし結局、肥料でコントロールすることはできなかった。ならば、何が作物を動かしているのだろう。その疑問が一気に吹き飛んだのは、単行本『せん定を科学する』(菊地卓郎著)を読んでからだ。作物は植物ホルモンで動いていたのである。さらに『植物ホルモンを生かす』(太田保夫著)からも多くを学んだ。

以来、私の少肥、中耕なし、堆肥なしの「ないない農法」は進化し、無肥料・無農薬の自然栽培に発展している。

植物は肥料でなくホルモンで動く

植物は次のようにホルモンで動いている。

果実は、成熟すると地上に落ちる。そのタネの中にはエチレンとアブシジン酸が含まれ、濃度が高いまま発芽しないで冬を越し、ひたすら春を待つ。だんだん夜が短くなると、アブシジン酸の濃度が薄くなり発芽の準備を始める。ここに水分と温度が加わると根っこが出てくる。

新しい根っこからは、生長を促すジベレリンと花を着けるサイトカイニンがつくり出され、重力と反対の方向(新しい芽)に移動する。新しい芽が伸び始めるとそこでオーキシンがつくられ、重力の方向(根っこの先端)に移動する。オーキシンが根っこにたまり始めるとさらに新しい根っこが出るが、オーキシンが一定の濃度を超えると根っこの生長は止まる。あたかも、濃度が薄いとアクセルのように、濃くなるとブレーキのように働き、自らコントロールしているのである。

このことからわかるように、根っこはオーキシンがたまらないと新しい根は出ない。裏を返せば、新しい芽が盛んに伸びてオーキシンが根に移動してたまれば、土が硬くても発根するのである。

作物の生長は、ジベレリンが多いと元気になるが、花を着けようと思うとサイトカイニンの量も必要である。成熟を促進するには、オーキシンとエチレンの働きが重要になって

15年間無肥料・無農薬のレモン

くる。オーキシンが多いと糖度が高くなり、エチレンが多いと成熟が早くなってくる。

これが、植物の一生とホルモンの関係である。この中に肥料は登場してこない。植物はもともと自らがつくるホルモンを使って育つようになっているのである。

作物は植物ホルモンで動いている

③新芽でつくられた**オーキシン**は、重力の方向に移動する（根っこの先端）

②**ジベレリン・サイトカイニン**が溜まって発芽する

①細根で、**ジベレリン・サイトカイニン**がつくられる

④濃度が薄い→発根**促進**
濃い→発根**停止**

道法原画　農文協
『せん定を科学する』より想定図

若い葉でエチレンがつくられると病気にかかりにくい

またホルモンには病気や虫を寄せ付けない働きもある。エチレンが植物体内に多く含まれると、病気や虫が付かなくなる。

エチレンは代謝の過程で、殺菌力の非常に強い酸化エチレンに変化する。アポロが月旅行から地球に戻ったとき、宇宙飛行士を消毒するのに使ったのが酸化エチレンである。外科手術のときにメスの消毒に使われるのも酸化エチレンである。

ブドウなどのつる性の植物をみても、付け根に近い葉っぱほどエチレンの生成が少なく病気にかかりやすいが、伸びている先端の葉っぱはエチレンの生成が盛んで、ほとんど病気にならない。

リンゴも無肥料で立ち枝を使えば、よく結実する

チッソを施すとエチレンが少なくなる

よく、チッソ肥料を多く与えると病気にかかりやすいといわれるのはなぜだろうか。それは、肥料を施すとエチレンが少なくなるからである。

エチレンができるには、植物がつくったアミノ酸である「メチオニン」から「S-アデノシルメチオニン」に変化し、さらに「1-アミノシクロプロパン-1-カルボン酸」に変化してエチレンに変わる。しかし、カルボン酸からエチレンに変化する過程は、アンモニアによって阻害される。つまりチッソ肥料を与えると、体内エチレンが少なくなり病気や虫がつくのである。

現代農業二〇一〇年八月号
肥料と植物ホルモンの関係の話

自然農法 素朴なギモン

MOA自然農法文化事業団・木嶋利男先生に聞く

肥料を入れて、おいしいものをたくさん収穫しようとするふつうの栽培法からすると、自然農法には不思議な点がいっぱいある。
自然農法を科学的な視点で研究している木嶋利男先生（NPO法人　MOA自然農法文化事業団・普及担当理事）に素朴なギモンをぶつけてみた。

肥料がなくても育つのはなぜ？

——さっそくですが先生、「肥料をまったく入れなくても作物の収量は変わらない」という人がいますが、チッソ収支が合わないと思うんです。どう考えたらいいのでしょう。

▼知られざるチッソ固定菌がたくさんいる

そういうことってあるんじゃないんですか。いままではマメ科の根粒菌しか知られていなかった。でも最近はチッソを固定する菌がいろいろ発見されています。たとえば、サツマイモの中にはアゾスピリアムというチッソ固定菌がいる。サトウキビのなかにはハーバースピリアムというチッソ固定菌がいる。これらの菌は「組織内共生菌」といって、植物の体の中に棲みついて、空気中のチッソを固定します。サトウキビはそもそもチッソ収支が合わないといわれてきましたが、こういうことが次々にわかってきた。これまでわからなかっただけなんだと思います。

——植物の体の中にチッソを固定する菌がいるんですか……。

▼根に共生するチッソ固定菌もいる

チッソ固定菌はほかにもいます。ハンノキ

やグミの根に共生するフランキュアもそう。正確にいうと、フランキュア属といって、放線菌の一種なんですが、チッソを固定する能力が高い。放線菌の仲間だから、けっこうどこにでもいる菌です。

ただ、生態についてはまだわからないことが多いんです。培養が難しいので、チッソ収支などの計算ができない。最近になってわかってきた菌ですからね。

まあ、いまはこのようなチッソ固定菌がいろいろ発見されてきている。私はおそらく、どんな作物にもチッソを固定する菌はいると思いますよ。

——なるほど。世の中まだわかっていないことがたくさんあるんですね。

肥料のない畑のイメージ

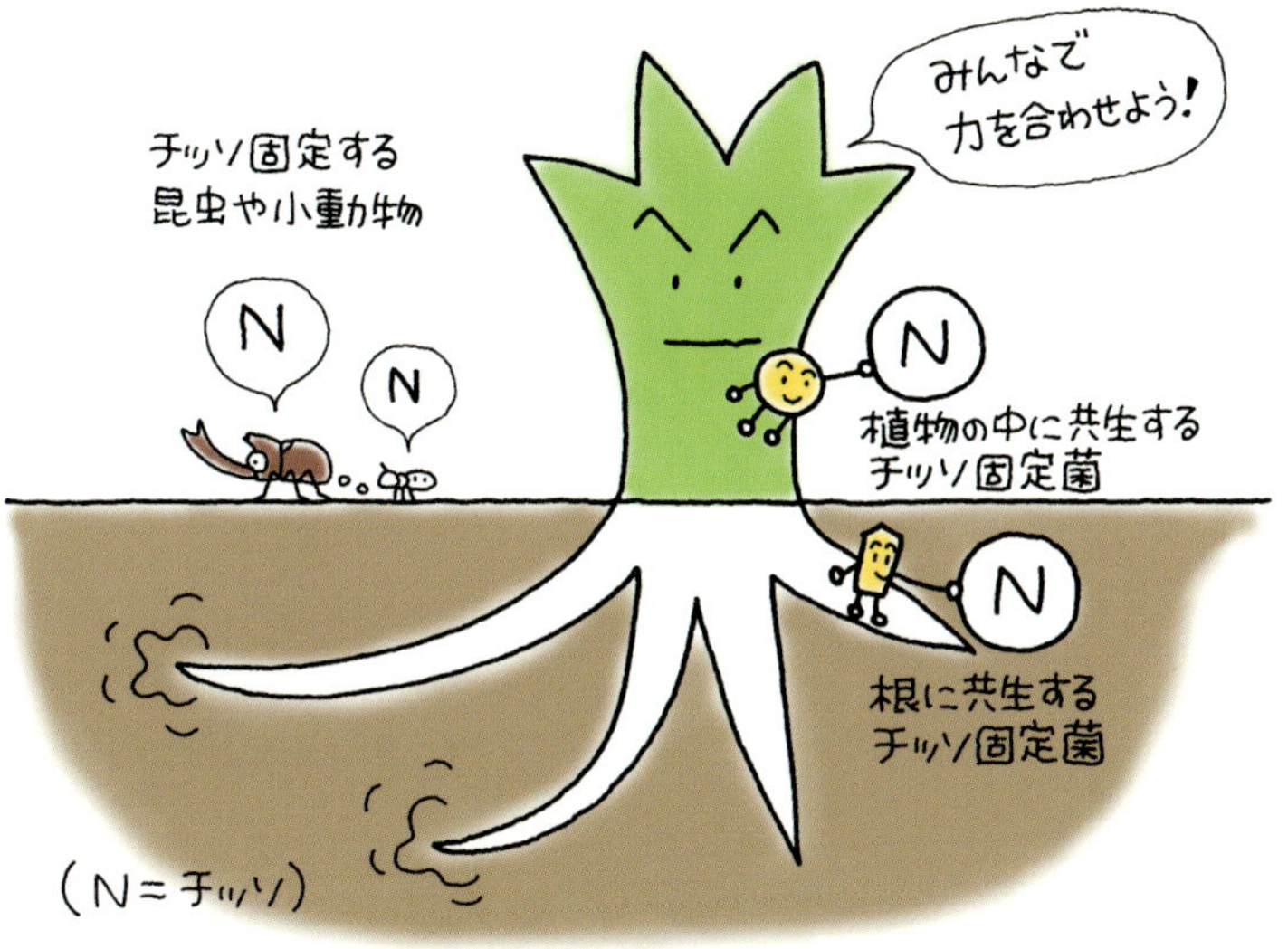

肥料が十二分にある畑のイメージ

▼チッソを固定する昆虫もいる

植物だけじゃなくて、シロアリとかカブトムシ、クワガタなんかの甲虫類。こういう昆虫もチッソを固定します。

——えっ、そうなんですか。

はい。シロアリや甲虫類の腸内細菌にはチッソを固定する菌がいる。その固定力ってものすごいですよ。たとえば、チッソがほとんど入っていないバーク（樹皮）だけで堆肥をつくると、発酵時間はかかりますが、できあがったものには十分にチッソが含まれている。カブトムシなんかの幼虫の腸内細菌の働きです。

シロアリも木材をエサにしますよね。リグニンやセルロースをバクバク食べるシロアリですが、その糞には強烈にチッソが含まれている。腸内細菌が空気中のチッソを取り込んでいるわけです。だから昆虫の腸内細菌もおもしろいんですよ。これもまだ解明されはじめたところですけど、こういう虫の糞は役立つと思いますよ。

――びっくりです。シロアリやカブトムシを見る目が変わりそう……。

植物体内や根に共生する菌にしても、昆虫や小動物の腸内細菌にしても、結局は微生物の仕業です。微生物で生態がわかっているものなんて全体からすればわずか〇・一％くらい。残り九九・九％は未解明ですからね。そうやって考えてみると、チッソ固定菌はめちゃくちゃいると思いますよ。

――なるほど、夢が広がってきました。ところでチッソ固定菌が繁殖しやすい条件などはあるのでしょうか。

▼肥料が十二分にあるとチッソ固定菌はふえない

必要以上に肥料をやらないことです。肥料が十二分にある土壌では、チッソ固定菌（とくに根に共生する菌）は繁殖しません。ダイズの根粒菌と同じです。植物の体内に共生するチッソ固定菌もおそらく繁殖しないでしょう。肥料成分が間に合っていれば植物や微生物は余計なことをしない。でも、肥料が少なければ「みんなで手を組もうぜ」と、植物や微生物たちが共生を始めるんだと思います。それが自然の生態系だからです。

――肥料が少ないと、土に棲む生きものみんなで肥料を取り込もうと協力するんですね。

▼草生で地力を定期預金 作物は必要な分だけ養分を引き出せる

それと、自然農法では草生栽培する人もいますが、草を積極的に生やして土に還していると、土は次第に易分解性腐植がふえて地力がついてきます。易分解性腐植はチッソやミネラルなどの養分を貯めこみます。植物が養分を必要として、自分で根を伸ばしにいけば、そのとき必要な分だけ放出します。いわば定期預金みたいなもの。

いっぽう地力のない土で化学肥料を使うと、作物は無理やりつくられてしまう。すぐに水に溶けて吸収されますからね。そこが慣行栽培の難しいところでしょう。

――地力がついてきた土だとチッソの供給が自然なんですね。だから急に作物も徒長せず、病気になりにくかったりするんでしょうね。なんとなくわかったような気になってきました。リン酸やカリについてはどうなんでしょう。

▼リン酸やカリ、ミネラル類は菌根菌が供給する

いま少し話しましたが、自然農法だと草生栽培することが多いでしょう。草を生やすと、草の根に共生する菌根菌のたぐいが、岩石などのミネラルを取り出します。たとえば、蛇紋岩からリン酸を特異的に取り出したり、雲母岩からカリを特異的に取り出す菌根菌がいます。ギガスポーラとかグロムスとか。ふつうの微生物では取り出せません。リン酸の吸収を助けるＶＡ菌根菌は有名ですが、チッソ固定菌と同じように、ミネラルを供給できる菌根菌はまだまだたくさんいるはずです。

▼多様な草がいろいろな菌根菌を育む

ただし、単一の作物だけを植えても養分を供給するという意味では、あまり効果はないと思います。草生で、多様な草が生えると、いろいろな菌根菌がふえる。作物や草の根が菌根菌でつながって養分を橋渡しするような働きをすることも最近わかってきました。必要な養分を分配したり、共有したりするおもしろい現象です。土壌のなかで送電線のようにいろいろな養分をやりとりするパイプのようなイメージでしょうか。

菌根菌もやはり、肥料や農薬をたくさん入れている圃場では繁殖しにくい。そういう意味では自然農法の畑のほうが働きやすいでし

ょう。

▼植物はそれぞれ自分が好きな養分を吸う

ちょっと余談になりますが、植物は自分が好きな養分（元素）を集める性質がある。山師と呼ばれる金鉱探しの名人は、じつはそういう植生を経験的に知っていた。ムラサキシキブという花木は、金鉱があるところに必ず生えてくるんです。それを目安に金鉱を探し当てていた。伝承的な知恵で公にはされてこなかった話です。

これを科学的に見るとおもしろいんですが、ムラサキシキブの根が出す根酸の種類はふつうの植物とは違う。硫酸や塩酸みたいな強酸を出して、ほんの微量ですが金を溶かせるんですよ。

土の中で菌根菌がリン酸やミネラルを橋渡しする

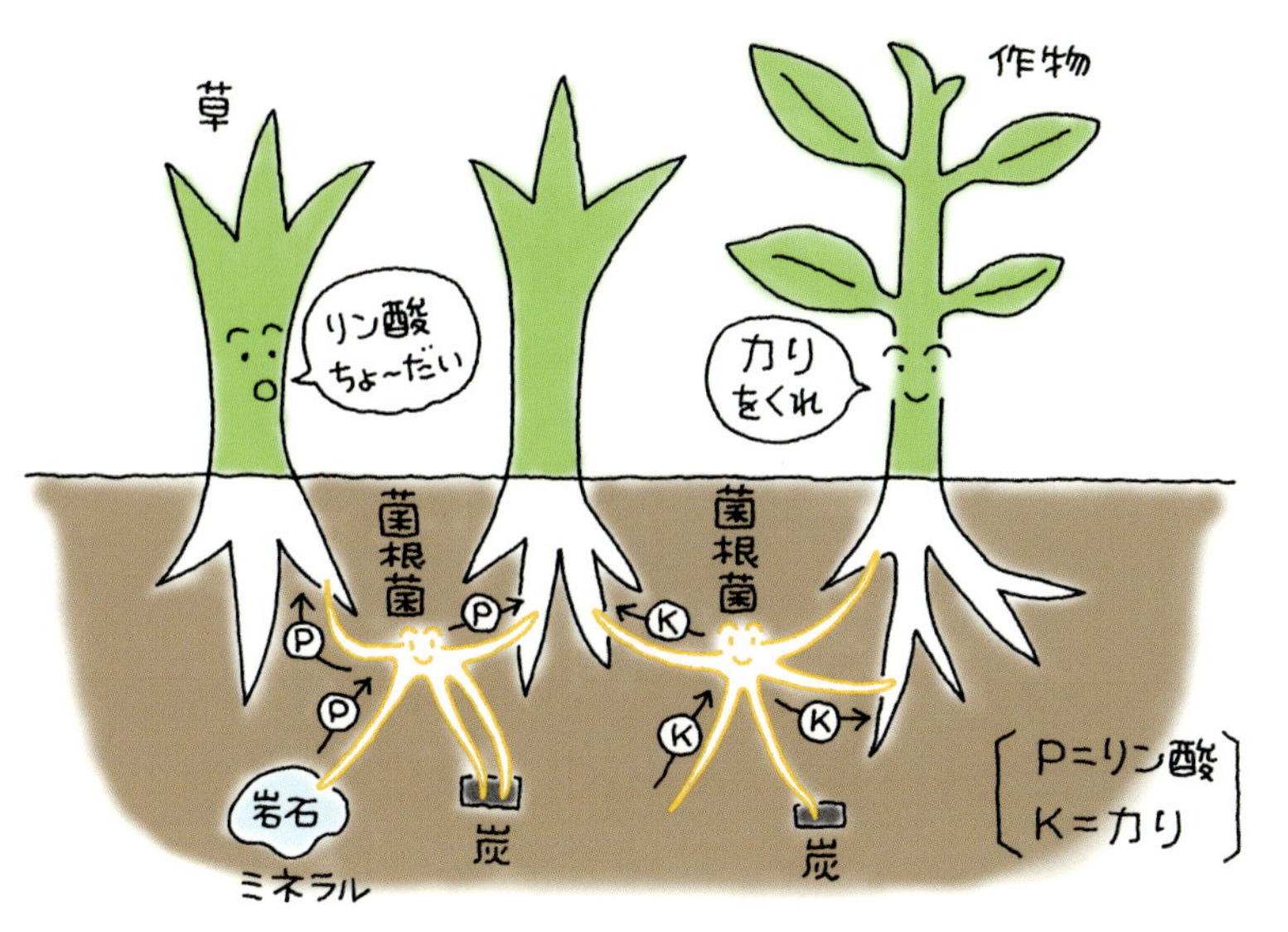

菌根菌は草と作物をつなぎ、それぞれに必要な養分を供給することもわかってきた
※炭やくん炭を株元や株間にひとにぎりくらい入れてやると、菌根菌はより活発になる

――なんと、金鉱探しの秘訣は植物だったんですか。すごい話だ。

すごいでしょう。伝承されてきた知恵というか匠の植生を見抜く観察眼というか、そういうものを科学的に見るといろいろ発見できることがある。ウリ科野菜にネギ類を混植すると病気にならないというコンパニオンプランツも、じつは江戸時代に経験的にやられていた農法ですからね。

またまた話がそれてしまいましたが、植物は自分が好きな養分（元素）を吸収して集める。だから草生で多様な草が生えれば、それぞれが好きな養分を吸収し、それらが土に還れば、土壌にも多様な成分が戻されることになる。自然の循環系のなかでの農業なら、このようなミネラル循環がなされるということでしょう。

栄養価・味・品質はどうなの？

――「自然農法で育てた生命力溢れる野菜や果物は栄養価もあっておいしい」と聞きますが、慣行栽培と比べて違いはあるのでしょうか。

▼栄養価やおいしさは、正直わからない

うーん。それはどうでしょう。正直私にはわかりません。栄養成分の分析はいろいろと始まっていますが、自然農法を始めて二年目くらいの野菜と慣行栽培で化学肥料を適正にやった野菜を比べたときは、慣行栽培のほうがカロチンの含有量が高かった。ただ、土地条件や天候、農家の栽培技術の差などにもよるので、このデータだけでは、なんともいえないのが現状です。

それと、チッソとビタミンは逆相関の関係にあるので、低栄養状態（少チッソ）で育てた野菜はビタミンCが多くなるということは

左が自然農法歴56 年の山道善次郎さん（青森、故人）の米。炊いた米に水を入れて密閉し、1 年以上たったところ。自然農法の米は腐らない（松村昭宏撮影）

あります。

――無肥料のブドウやリンゴは日持ちがよくて腐らない。食感もいいと聞きますが……。

腐らないということはたしかにあります。以前、私もイネで試験したことがありますが、化学肥料を使って育てた米より、自然栽培で育てた米のほうが腐りにくかった。でもそれがなぜか？　といわれると正直わからない。

味や食感についてもわからないなぁ。以前、自然農法のブドウと慣行栽培のブドウを目隠しして食べ比べたことがありますが、どちらもおいしかった。

自然農法で育てた野菜や果物が腐らなくておいしいというのは、「生命力」があるからだといえばそうなんでしょうが、これは科学的に説明できません。研ぎ澄まされた感覚を持っている人なら、すぐに違いがわかるかもしれませんが、私にはわからないのが正直なところです。

――第六感でわかる味があるんでしょうかね。

自然農法で抜群においしいものもあります。ただし、全部が全部そうではありません。

日持ちや味をよくするには葉に光をよく当てて養分同化量を多くすること。また、作物によっても違いますが、味をのせるには生育ステージに合わせて肥料を効かせたり、抜いたりする技術も必要です。ブドウだったら登熟期にリン酸を切らないと（生物活性を抑えるため）、味はのらないでしょう。せん定の仕方で根をどの方向に張らせるか、張った根の土の中は水がどのように流れているかなど、そういうことを感覚的にでもわかっていないと簡単にはいかないでしょう。

その土地の自然風土を生かしてコントロールできている人は、まさに芸術家だと思います。自然農法でも、そのような技術を作物ごとに一つひとつ解明・検証していくことが、今後の課題のひとつです。

――ありがとうございました。

現代農業二〇一〇年八月号
自然農法　素朴なギモン

作物を守る共生微生物＝エンドファイトと少チッソ栽培

茨城大学・成澤才彦先生に聞く

チッソ肥料をほとんど入れなくても、収穫残渣や雑草の刈敷だけで作物がちゃんと育つ畑がある。たとえば自然農法だ。こういう圃場の土の中ではどんなことが起きているのだろうか？

思いつくのは微生物の働きだ。マメ科植物に共生する根粒菌のような、空気中のチッソを固定する菌もいる。だが、空中チッソの固定にまで話を広げる前に、土壌中の有機物を有効活用するための、菌と植物の共生関係に注目してみたい。

エンドファイト。最近よく聞かれる「内生菌」をさす言葉だ。広い意味では、マメ科の根粒菌や菌根菌もエンドファイト。ここで取り上げるのは、森林土壌などで植物の根に潜り込んで生きる菌類で、植物の生育を助ける働きをする。菌根菌よりもたくさんの種類の植物に寄生するのが特徴で、菌根菌が寄生しないアブラナ科植物の根にも侵入することがわかっている。

『作物を守る共生微生物　エンドファイトの働きと使い方』（農文協）の著者、成澤才彦（なりさわかずひこ）先生に話を聞いた。

森林植物はアンモニアや硝酸よりアミノ酸を選んだ

――エンドファイトは、植物を病原菌から守るほか、植物がアンモニア態チッソや硝酸態チッソに頼らず生育することにも関係しているそうですね。

まず、この話からしたほうがいいと思うんですが、二〇一二年の『ニューファイトロジスト（New Phytologist）』という生態学の雑誌に、こんなデータが載りました。森林土壌中にフリーの形で存在するチッソ源と、その土壌に生育するさまざまな植物が吸収しているチッソの形態を調べたものです。森林の土壌を分析すると、植物が好んで吸うアンモニア態チッソと硝酸態チッソが合わせて八〇％くらいある。残りはアミノ酸類です。ところが、実際に植物が使っているのはというと、比率が逆転してアミノ酸類が八〇％なんです。

植物の研究者も農業関係者も、植物を育てるチッソ肥料はアンモニア態と硝酸態のチッソをメインに考えてきた。ところが自然の生態系では主にアミノ酸類が使われているということなんですよ。

――それは驚きですね。なぜ、そんなことが起こるんでしょう。

正確なことはわかりませんが、一つ言えることは、植物は自分ではアミノ酸類を吸えませんから、森林では共生菌類と一緒になってチッソを利用しているということです。そして、吸収しやすいアンモニア態や硝酸態があるのに、わざわざアミノ酸を使っていることには何か理由がある。

植物も一部のアミノ酸は吸収できますが、分子が小さい種類のものだけです。チッソの有機態として存在するアミノ酸類のほとんどを、植物は自分では利用できません。アミノ酸を利用するにはエンドファイトのような共生菌が必要です。エンドファイトが菌糸を通じて取り込んだアミノ酸が、菌糸を通じて植物の根へ渡される。一方、エンドファイトは、植物根にあるショ糖などの糖類の供給を受けて生育するという関係があることがわかっています。

　これは森林の話ですが、農業でも利用できると私は思うんですよ。今まではアンモニア態と硝酸態を中心に考えてきたので、有機農業であっても完熟した堆肥を投入するという農法だった。しかし、菌類と共生する農業であれば、森林で行なわれているように未分解の有機態チッソを直接投入できるということです。

エンドファイトが共生するのは「貧栄養」状態？

——エンドファイトを利用するには、あまり養分があってはよくない、「貧栄養」の状態がいいそうですね。有機物も多くてはダメということですか。

　それは、どんな形のものをどう入れるかによります。森林の場合、その空間全体にある有機物を考えたら、すごく多くのチッソがありますよね。土壌に多いのはアンモニア態でしたが、多くは有機態で存在していて、植物が直接使える形ではない。だから「貧栄養」という話になるんですが、本当は栄養分がないわけではない。枯れ枝や枯れ葉のような有機物はたくさんあってもよくて、植物が直接利用できる栄養分はちょっとずつジワジワ供給される。アンモニア態や硝酸態まで分解が進んでいない栄養分が、絶えず一定程度はある。そういう状態がエンドファイトと植物の共生関係が生まれやすいんです。

——エンドファイトは菌類ですから、自分で有機物を分解している？

図1　森林の植物はアミノ酸態チッソを選んで吸収している

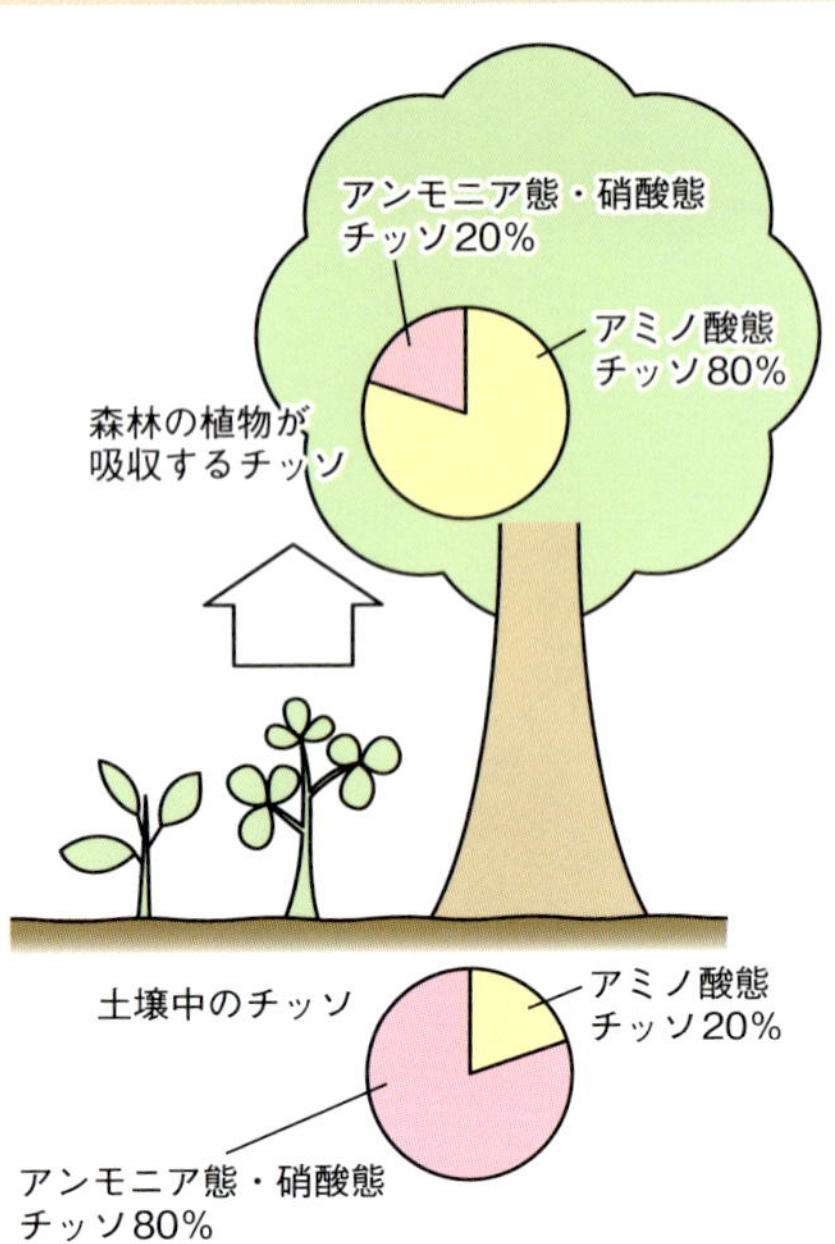

図2　エンドファイトと植物の間での栄養のやり取り

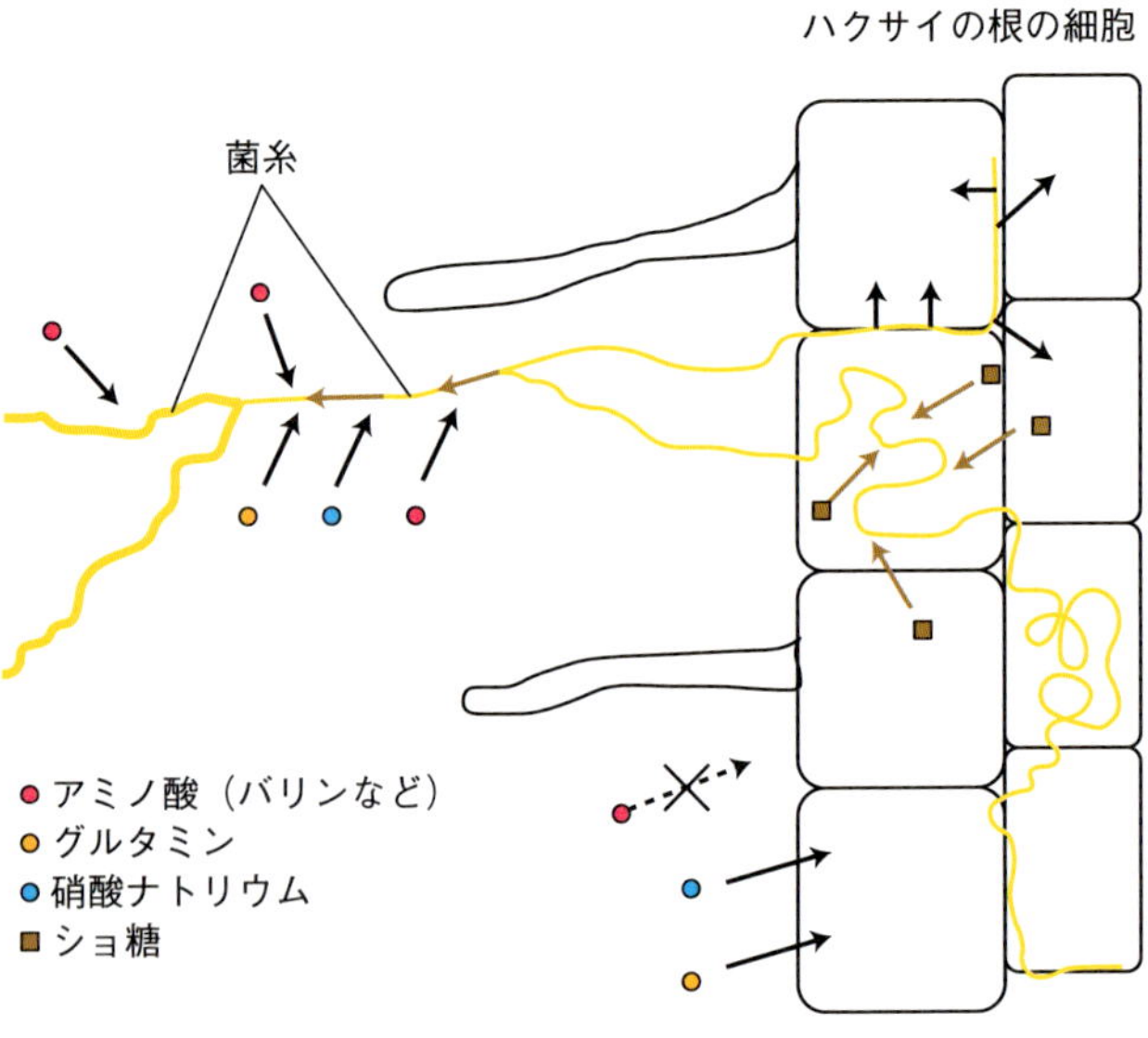

ハクサイの根の細胞
菌糸
アミノ酸（バリンなど）
グルタミン
硝酸ナトリウム
ショ糖

エンドファイトが植物の根に潜り込んで共生するのは、土壌中に植物単独では利用できないチッソ源（たとえばアミノ酸のバリンなど）があると促進される。チッソ源は、まずエンドファイトの菌糸に取り込まれ、植物へと渡される。一方、エンドファイトは植物根にあるショ糖などの糖類の供給を受けて生育する
（『エンドファイトの働きと使い方』より、一部改変）

分解もしますが、キノコの菌やこうじ菌のような菌類に比べると、分解の能力はさほど高くありません。分解する菌がいて、エンドファイトがいて、植物につながる。そういう役割分担の中で、植物と接点を持っている菌類なんだと思います。

——有機物の中でも、家畜糞など動物性のものより植物性のものが、エンドファイトの働きにはよいと聞きました。

自然の中で、微生物などの「分解者」は有機物を無機物に分解していくんですが、基本的に役割があって、植物起源のものを分解するのが糸状菌などの菌類、動物起源のものを分解するのが細菌（バクテリア）の働きです。細菌も生態系では重要な働きを担っているんですが、作物生産、植物との相性がいいのは菌類のほうなんです。

ただし家畜糞の場合、馬や牛などの草食動物に本当に草だけ食べさせている場合は菌類が働きやすい。食べものによっても大きく変わります。

化学肥料のチッソとの併用も可能

——化学肥料はどうですか？

それを知るには、図3を見ていただくのがいいと思います。エンドファイトを活かした育苗培土を開発する際の比較実験の結果です。三種類の培土にエンドファイトを加え、アスパラガスの苗の生育（地上部乾燥重量）を比べています。棒グラフが上に伸びるほどよく育っているということです。

Aの無機肥料培土（エンドファイト五％）は苗が大きくなっていますね。でも、Bの有機肥料（アミノ酸態チッソ）培土だとあまり大きくならない。いちばん大きいのは、AとBを半量ずつ混ぜたC培土です。赤い数字は、エンドファイトの菌糸がアスパラガスの根をどれだけ覆ったかという定着率（被覆率）です。A培土は、苗は大きくなったがエンドファイトの定着率は低い。C培土は、エンドファイトの菌糸がそこそこ定着していて、苗の生長はA培土以上によい。

——化学肥料を入れてもエンドファイトは働く？

そう。最初にお話ししましたよね。森林だって、アンモニア態や硝酸態のチッソがいっぱいあるわけですから。それよりアミノ酸態チッソがエンドファイトを通じて利用されるような環境になればいい。ころあいが大事です。

エンドファイトの共生で生まれる力

でも、じつをいえば、私は個人的にはBがいちばんいいんじゃないかって思うんですね。

この実験は、エンドファイトを活かした育苗培土を開発しようという

図3　培土の種類とエンドファイト資材の混合割合によるアスパラガス苗の比較

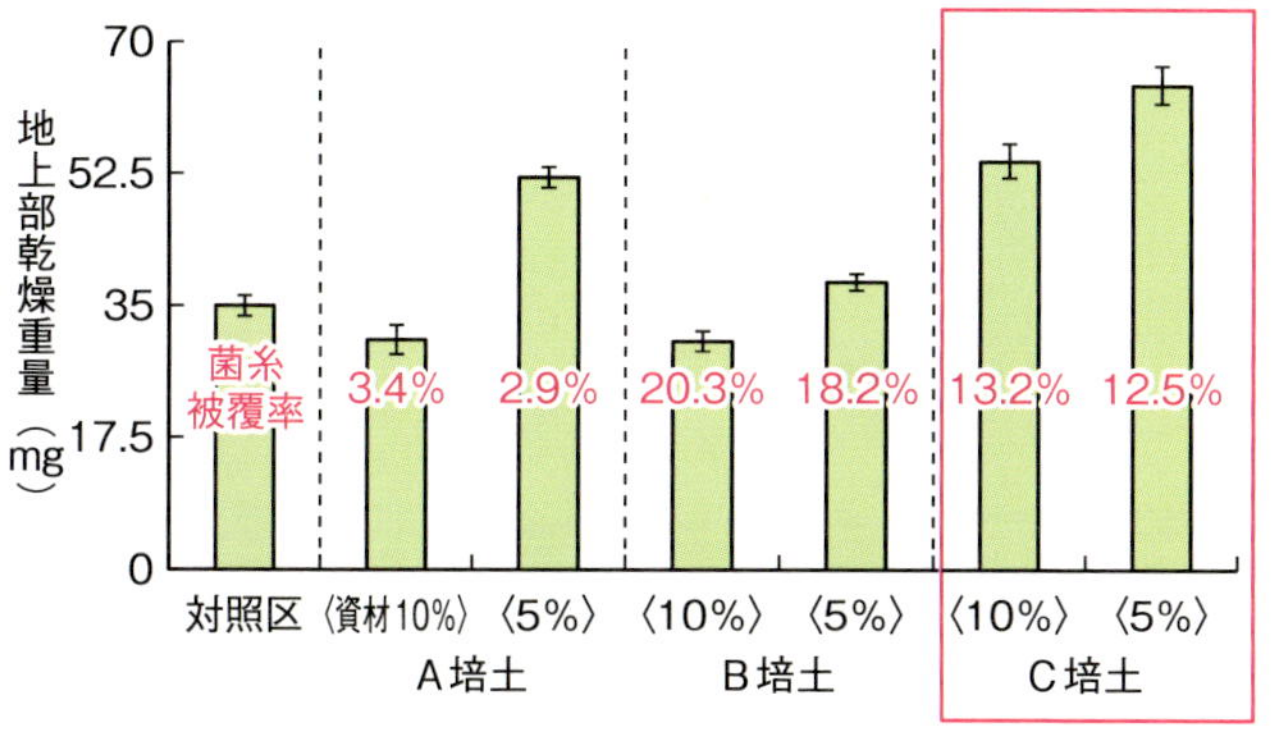

地上部乾燥重量（mg）
70
52.5
35
17.5
0
菌糸被覆率
3.4%
2.9%
20.3%
18.2%
13.2%
12.5%
対照区
〈資材10%〉
〈5%〉
A培土
〈10%〉
〈5%〉
B培土
〈10%〉
〈5%〉
C培土

・A：無機肥料培土、B：有機肥料培土、C：無機肥料＋有機肥料培土
・A～C培土とも、エンドファイト資材が5%と10%の場合について調べた
・品種：ゼンユウハヨデル、播種1カ月後

（パイオニアエコサイエンス㈱提供）

エンドファイト添加は図3のC培土〈5%〉の苗の根（菌糸被覆率12.5%）。黒く見えるのがエンドファイトの菌糸

（パイオニアエコサイエンス㈱提供）

企業が行なったものです。資材を売る立場だったら、苗がいちばん大きくなるCでいきましょう、となるんですが、私は別に大きくならなくてもいいんじゃないかって思うんですよ。見た目を大きくすることだけが農業ではないので。

Bはエンドファイトの定着率の数字がいちばん高い。共生関係がそれだけうまくいっているということです。エンドファイトが作物に潜り込んで共生した状態というのは、病害虫やいろんな環境ストレスに強いんです。病気については、病原菌より先にエンドファイトが植物に棲みつくことで、病原菌への抵抗反応が準備される（抵抗性誘導。病原菌の侵入時にも抵抗性誘導は起こるが、抵抗力がつく前に発病してしまう）。害虫に対しても忌避作用が生じたり、気孔開閉の調節能力が高まる、葉が厚くなる、根張りがよくなる、ことなどがわかっています。

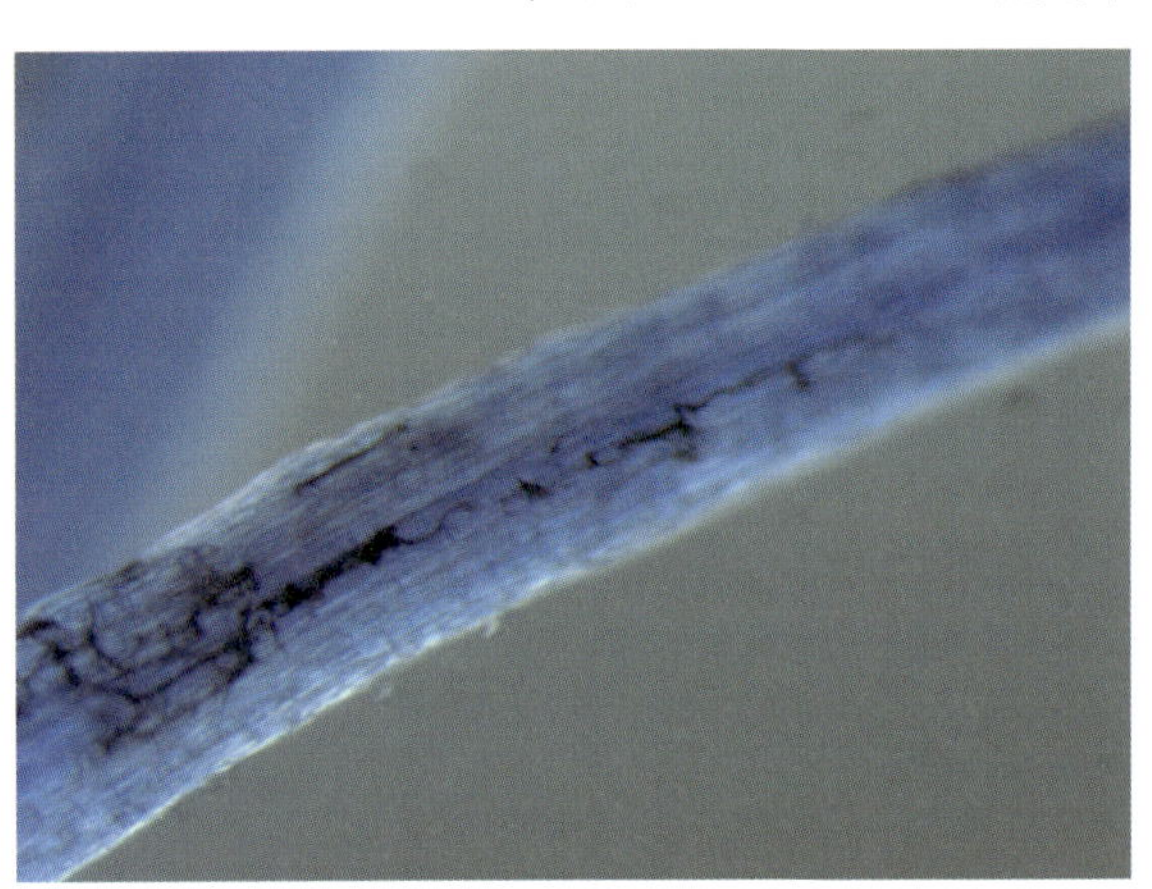

黒く見えるのがエンドファイトの菌糸。コツをつかめば虫メガネでも観察できるという

最初の森林のデータも、アンモニアや硝酸があるのにアミノ酸を吸収するのは、エンドファイトが共生していたほうが環境ストレスに強いからだと思うんですよ。――これ、想像です。誰も証明できてないですが。

――生育はふつうの栽培法より劣ったとしても、病気や虫に強ければ無農薬でつくりやすい利点がありますね。ところで、エンドファイトが定着した状態というのは見えるんでしょうか。

上と右下の写真はC培土の一二・五%の状態を撮影した写真です。目で見てパッとわかるくらいですよね。コツをつかめば虫メガネでも見えます。自然界でもこのくらい定着していればいい状態だと思います。菌糸（黒く見えるもの）が集まって見えるところが、根の中に入っていくところです。最初に根の外側でワーッと広がってから中に入るんです。

エンドファイトから見た自然農法の畑と森林のちがい

――畑でエンドファイトが働いているかどうかを調べたことはありますか。

茨城大学の附属農場にある畑で、小松崎将一先生がカバークロップを使った自然農法を行なっています。この畑とその隣の森林、慣行栽培の畑の三カ所で、菌類の多様性とか、作物の生育にかかわる菌類がどれくらいいるかを、学生の研究テーマにしました。

植物の根についてくるような菌類を調べたんですが、同じサンプル数をとったときに、慣行栽培の圃場では二二種類、小松崎先生の畑は四十数種類、森林はケタが違って百数十種類見つかりました。

まず、この中にエンドファイトはいるか？有機栽培と森林にはいたけど、慣行栽培の畑にはいません。アンモニア態と硝酸態のチッソしか入れていないから、アミノ酸類を利用するのに働くエンドファイトはいないわけです。それが証明された。

では、森林と有機栽培の圃場ではどんなちがいがあるのか？

森林は多様性が高くていろんな菌類がいるんだけど、作物の生育にかかわる菌類が特別に多いわけではない。落ち葉の分解にかかわる菌とかいろんなものはいるけど、量は多くありません。その点、自然農法の圃場では、作物の生育にかかわるような特定のエンドファイトの量が多いということがわかりました。

実際、森林に作物のタネを播いてもよく育ちません。日当たりが悪くならないよう、木を伐採しても自然農法の畑のようには育ちません。それが、この生育にかかわるエンドファイトの量のちがいによるのではないかと考えられるわけです。

菌類というのは宿主特異性というか、ある植物がふえるとある菌類がふえるということがあります。多様性は低くなるんだけど、そこで栽培している作物に特異的に必要な菌類が選抜されてくるんですね。単純化されるけれども、その作物の生育を支えるものが集まってきている、という推論ができます。

菌糸ネットワーク

――エンドファイトという名前は、成澤先生の研究などを通じて最近になってよく耳にするようになりました。

人間の身体にはたくさんの微生物が棲みついていて、たとえば腸内細菌が健康にかかわっているとか、皮膚には常在菌がいて病原菌への抵抗性を付与しているとか、いわれますよね。植物も同じです。

植物にもたくさんの菌が棲みついていて、根っこだけでなく葉っぱにも茎にも、それぞれちがう種類の菌類が棲みついて、ちがう働きをしているんですね。その中には、植物の細胞にまで入り込んで共生する菌もいる。こういうことは、陸上に植物が生まれたときから始まっていた。それが農業利用されていなかっただけで、生態学の中では常識のことだったんです。

図4　エンドファイトによる菌糸ネットワークの形成

植物の細根の先にエンドファイトの菌糸が張り巡らされ、他の植物とつながっている。菌糸から有機態チッソの吸収が可能なうえ、植物どうしの間で光合成産物のやりとりも起こる（成澤先生提供）

「世界でいちばん大きな生物は何か?」というクイズがあります。答えは菌類。アメリカのある研究者が、ひと山全部の植物が土の中で一種類の菌類でつながっていることを証明しています。地上部はたまたまちがう植物がくっついているだけ。土の中では、一つの菌類の体を通じて養分が行き来している。

これが畑なら、栽培している作物が何らかの理由で元気がなくなったとき、まわりの雑草の光合成でつくられた養分が、菌糸を通じて作物に供給され元気になるということが起こります。ふつうの畑ではこういうつながりがないので、環境が悪くなれば枯れるし、隣に生えた草は邪魔になる。

菌類とバクテリアの共生

——菌糸がパイプのような役割をして、すべての植物をつなぐんですか。おもしろいですね。農家の中にも、草が生えているほうが作物にとっていいという人がいます。しかし田んぼでは、自然農法であっても草はないほうがいいといわれます。

そこは興味深いところですね。田んぼには水がありますよね。菌類は、人間と同じで好気性なので十分な酸素がないとあまり働けません。だから、森林のような菌糸ネットワークはできないかもしれない。ただ、水中であってもイネの根の回りなら根から酸素が供給されるので、菌類が働けないことはないが……。水田の共生微生物の研究はあまり進んでいないんです。

話は変わりますが、私は、バクテリア（細菌）とエンドファイト（菌類）と植物という三者の共生関係についても考えています。菌類を培養しているとよく経験することですが、ちゃんと無菌状態を保っているはずなのに、余計な細菌がふえてしまうことがあります。その理由は、菌類の中に細菌が棲みついていて、それが出てくるのではないかということが最近わかってきました。

ハクサイの例では、あるエンドファイトが共生していると、一般に二三度を超えると育たないといわれるハクサイが三七度でも育つんですが、その高温耐性を付与しているのは、エンドファイトではなくエンドファイトに棲みついているバクテリアの働きだということがわかってきました。これは根粒菌の仲間の細菌です。

菌類と植物の共生体というものを考えると、養分のやりとりを含めていろいろなことの説明がついてくる、というのが私のこれまでの研究でした。さらにその菌類の中にバクテリアがすんでいて、その三者の共生体ととらえると、もっといろいろなことが解明できるのではないか、と思うんです。

——もしかすると、肥料をあまりやらない自然農法の田んぼでイネがうまく育つのも……。

菌糸ネットワークはできなくても、イネの根にエンドファイトと細菌が潜り込むような共生関係があるのかもしれない。畑とはちがう共生関係があるのかもしれません。

——チッソ固定菌のような細菌が、菌類といっしょにイネの根に潜り込んでいる可能性もあるということですか?

そうそう。でも、研究はこれからですよ。私が強調したいのは、自然生態系でうまくいっているしくみを、もっと農業に利用できるのではないかということです。

今、そういうことをやろうと思う農家の方がふえてきましたよね。農家にとっては経験としていわれてきたことが科学的に解明されてきたので、みなさんが信じられるようになってきたということですかね。

現代農業二〇一五年十月号
エンドファイトと少チッソ栽培

Part2
農薬をやめたら…

米ヌカペレット3回まき　赤水維持でコシヒカリ10俵どり（66p）

メヒシバを物差しに ジャガイモの無農薬栽培

長崎県雲仙市・俵 正彦さん（編集部）

メヒシバが生える酸性土壌なら、病気が入らない

今では「病気に強いジャガイモ」の育種家として名高い俵正彦さんも、かつては品種の力に頼らず無農薬栽培を成し遂げようと奮戦していた時代があった。結論から先にいってしまうと、大成功！　クロピク（土壌消毒）なしでも、ソウカ病に青枯病、ネコブセンチュウさえも出さない栽培方法を確立したのだ。その足がかりとなったのは、畑に生える草である。

「メヒシバばかりが生える畑でジャガイモをつくると、まず病気が入らんですたい。安心して無農薬栽培ができる」

メヒシバといえば、雑草の代表格みたいなもので、全国どこでもごく普通に生えている。土壌pHは高くても低くても平気。

「メヒシバしかはびこっていないということとは、他の雑草が生えんぐらいの酸性土壌。だから、アルカリ性で出やすいソウカ病も防げるんです」

メヒシバ（皆川健次郎撮影）

メヒシバ畑は ジャガイモの原産地に似ている

もう少しメヒシバについて解説を続けると、湿地には決して生えない、乾燥には滅法強い、などの特徴も挙げられる。つまり、pHが低いうえに乾燥気味の畑。作物にとっては随分、酷なようだが……。

「それがジャガイモには抜群によかですたい。というのも、ジャガイモの生まれはアンデスのやせ土。原産地の条件と似れば似るほど、生育もよくなるし、病気も出にくくなるわけですよ。他にも、メヒシバ畑はサツマイモにも最適。あれも原産地は新大陸（アメリカ）の海岸地帯というでしょ。反対に、同じ新大陸でも肥えた土地で育ったラッカセイはメヒシバ畑には不向き。エジプトの肥沃な土地で栽培されていたエンドウもそう。ホウレンソウやキャベツは地中海沿岸のアルカリ土壌でよくつくられていたから、ぜんぜん向かない」

なるほど、向き不向きがあるということか。ちなみに同じ根菜類でも、ダイコンはメヒシバ畑に向く、ニンジンは向かないといった法則も成り立つそうだ。

メヒシバとジャガイモは相性抜群

「メヒシバとジャガイモはものすごい相性。えらい共存しとる。なぜかというと、メヒシ

自分で育種したジャガイモの畑に立つ俵正彦さん

バはジャガイモの残肥をあてにして茂るでしょ。それでメヒシバの残渣が土に還って、今度はそれがジャガイモに役立つ」

基本的にメヒシバは、春ジャガの生育期間中だと土寄せやマルチによって抑えられている。そして掘り取り後から夏にかけて、すくすくと育つのだ。あとは、八月のお盆の頃に青々とした状態ですき込み、秋作の種イモを植え付ける。秋作を休む場合は、メヒシバがひとりでに枯れるのを待ってから耕し、次の春作に備える。この二パターンが考えられる。

「最近は温暖化の影響で、秋植えのジャガイモが育つ十〜十一月にも、メヒシバが一斉にバーっと出てくることがある。だけど、なんも心配いらん。メヒシバは季節はずれに芽を出して、『しまった！』と思うんでしょうね、その後はじっとしている。気温も冷めてくるけん、霜が降りる前におのずから黄色くなって枯れてしまう」

要するに、まったく手がかからないのだ。俵さんの言葉を借りるなら「メヒシバの旬」と「ジャガイモの旬」がちょうどうまい具合にずれてくれるからである。

これがもし、ジャガイモの生育中にはびこる雑草だったら困りものである。メヒシバと同じイネ科でも、冬から春に生育するエンバクやイタリアンでは、やはりジャガイモの作型とかぶるので利用しづらい。「ジャガイモの背丈よりも高くなるので、光が入らなくなる」「風通しも悪くなるので、病気にかかりやすくなる」などの悪影響も予想されるのだ。

メヒシバ畑は「やせ型で健康な土」

「メヒシバが茂る期間は、手入れもしないから、見ると遊休農地のようですよ。そのとき、メヒシバが元気よく遊んでくれるなら（勢いよく育つなら）、ジャガイモの肥料は控えていい。元気がなければ、余分に肥料を入れる。次の作の施肥量を考える目安にもなるんです」

元気よく育つといっても、メヒシバの背丈はせいぜい五〇cm止まり。その特性も俵さんが買っている点である。畑に打ち込みやすいからだ。トラクタを二回も走らせれば、きれいに土と混ざる。しかも、メヒシバはカヤのように硬くもならないので、分解されやすいのである。

結果、畑の排水性がよくなり、「大雨が降っても、土がビチョビチョにならん」。反対に水分保持の力も発揮するので、過乾燥にもなりにくい。おまけに微生物もふえ、病害虫

表1　メヒシバ以外で、畑の“物差し”になる草

草の種類	診断と対処
ヨモギ	ほどよく肥えていてジャガイモの生育には「御の字」。肥料を減らしてもいい。ジャガイモと競合するので除草が必要だが、地下茎ですぐに復活してしまう。雨の日に耕して、分断した地下茎を「窒息させる」のが効果的
ハコベ	酸性土壌には生えてこないがほどよく肥えていて、ジャガイモの発芽が良好、生育もいい。冬から春に地面を覆うので、まだ小さいうちに耕して土に埋め込む。田んぼにも生えやすい。もし水田裏作でハコベが出てこない場合は、湿度過多、排水不良を疑う。その場合、土が乾いた状態で耕して、空気を送る
スズメノテッポウ 	メヒシバと同じ「やせ型で健康な土」。病気が出ない。肥料も効きやすい。背も低く、土に埋まればすぐに死ぬので、除草にはそうムキにならないでいい
アカザ 	ちょっと肥えているが、そう気にすることはない。放っておくと、背も高くなり、茎は木みたいにガッチガチになるので、早めにすき込む

を抑えたり、団粒構造を発達させたり……、そんな理想的な畑を、俵さんは「やせ型で健康な土」と呼ぶ。

メヒシバを「物差し」に土壌改善

ただ、ジャガイモを何年も連作していると、メヒシバの背丈が低くなったり、生育にムラができることがある。そうなったら危険信号。「やせすぎ」なのである。すかさず豚糞を入れ、「メヒシバにエサをやる」ことにしている。

また、人から借りた畑で、前作がホウレンソウやニンジンだったりした場合。広葉雑草や背の高い外来の雑草ばかりが出てくるので、それを俵さんはジャガイモには「肥えすぎてて、不健康な土」とみなす。そこで奥の手である。ソルゴーを栽培して、余分な肥料や石灰を吸い上げてもらうのだ。pHを下げてメヒシバ畑に変えていくための、一番手っとり早い方法だという。

それから、元ミカン園で傾斜がきつい場合。土が流れてしまったところは、まばらなメヒシバ、「ものすごいやせ土の象徴」であるチガヤすら出てくることもある。ジャガイモにとっても「やせすぎていて、不健康な土」だと判断、今度は意識的にpHを上げるため、石灰を含む鶏糞と牛糞を半々にして施す。pH三～三・五の強酸性土壌がpH四～四・五に改善されれば、メヒシバが台頭してくるという理屈である。

なににも増して、メヒシバを一番の「物差し」にしている俵さんなのである。

現代農業二〇一一年八月号
ジャガイモ無農薬栽培　カギはメヒシバ診断

メヒシバとアカザが混在しているので、ほどよく肥えている土と診断。肥料を少なくしてもいい。後ろにあるのがジャガイモ

表2　ジャガイモに向かない畑をメヒシバ畑に改善する方法

前作	雑草診断	改善方法
ホウレンソウやニンジン	●広葉雑草が多い 石灰の多投でpHが高く、肥料もあまっている→肥えすぎで不健康な土	●ソルゴーに余分な肥料を吸わせ、畑の外に持ち出す 春ジャガの収穫の間際に、ソルゴーのタネをばらまいておく。イモを掘り上げると、ソルゴーのタネが土と混ざって発芽する。ソルゴーが伸びると、地面に陽が当たらず、他の雑草が生えてこない。刈り取ったソルゴーは「牛飼いに売ってもいいし、あげてもいい」。メヒシバが生え揃うまで繰り返す（1回ですむ場合もある）
傾斜地でのミカン	●傾斜地の下側に、広葉雑草が多い 雨で土が流れ込んできており、石灰や肥料が溜まっている→肥えすぎで不健康な土	●ソルゴーに余分な肥料を吸わせ、畑の外に持ち出す
	●傾斜地の上側に、メヒシバやチガヤがまばらに生えている 雨で土が流されてしまい、肥料も石灰もなし、団粒もなし→やせすぎで不健康な土	●鶏糞でpHを少し上げる いきなり鶏糞だけを多投して、一気にpHを上げると、そこにいた微生物が環境の変化に対応しきれなくなるので、牛糞と半々にして施す。ゆっくりpHを上げていく

無農薬を実現する クズ麦マルチとコンパニオンプランツ

栃木県那須烏山市・戸松 正

少肥と多様な生きものが 有機無農薬畑を可能にする

有機農業を始めて三五年が経過する。茨城県で一八年、当地でもほぼ同様の歳月が経った。私の有機農業についての考えは次のとおりである。

自然、作物、病気、害虫から学ぶ。たとえば、害虫がいつ発生し、どの部位から食害し、どう作物を傷つけるのか。それは収量にどれくらい影響し、半作なのか七分作なのか、もっと大きな被害なのか。

ピーマンのウネ間にはクズ小麦を播いてリビングマルチに。ピーマンが生長するとムギは倒伏して敷きワラになる

農薬の使用や化学肥料の多肥はその学びを少なくする。収量を多く求めるとどうしても多肥になる。多肥は病気や害虫を呼びやすく、農薬を使用せざるをえなくなる。化学肥料の多肥と農薬使用は相関関係にある。

作物が生育するギリギリの少肥こそがおいしい野菜をつくり、同時に栄養価を高くする。長年の経験から、少肥で、作物の旬を大切にし、生物の多様性を生かすことこそが有機無農薬栽培を可能にするという考えにいたった。今回は、私が自然から学んだ農法の一部を紹介する。

クズ小麦マルチは効果抜群 雑草を抑え、収量一〜二割増

一〇年以上前からカボチャの雑草対策にムギのリビングマルチを使用するようになった。しかし、マルチムギの種子は高価で多量には使えず、どうしても播きムラが出やすい。ムラが出ると抑草効果が減少する。

そこで、二〜三年後からはクズ小麦を使うようになった。クズ小麦は市販のマルチムギに比べると数十分の一の価格で入手できるので、たっぷり播種できる。いまではカボチャだけでなく、すべての果菜類にリビングマルチとしてクズ小麦を使うようになった。

ムギは果菜類の定植と同時に播種。地面に隙間なく播かれたムギは、雑草より生育が早く、ほとんど草が生えてこない。また、七月に自然倒伏するとマルチとなり、その後の雑草も大部分抑えてくれる。

一昨年からサツマイモやサトイモにも試験

キスジノミハムシはシュンギクが嫌いなので、カブのタネに1割ほどシュンギクのタネを混ぜてバラ播きすると、食害を1～2割に低下させることができる

し、クズ小麦を播くようになった。通路に小麦が倒伏すると、あとは収穫まで草の多いところを少し刈り払うだけ。効果は抜群である。

広くたっぷり播いたムギは夏に自然枯死し、その根穴が通気、排水、野菜の根の伸長に役立っていると考えている。収量計算をきっちりやっているわけではないが一～二割増収したように思う。実際、同じ本数を植えても収穫量が増えて販売に若干苦労するようになった。今では定植本数を減らしている。

スイカとオクラには クズ大麦マルチ

一部の野菜にはクズ小麦ではなくクズ大麦を使うこともある。たとえば、スイカとオクラである。

スイカの場合、小麦が倒れるとツルを傷めやすい。オクラの場合は、雑草抑制のためポリマルチのギリギリまで小麦をまくと、倒伏したときにオクラの上にかぶさる。このように、小麦の自然倒伏が不都合となって刈り払いが必要になる場合は、倒伏しない大麦を使用している。

また、ムギ類をオクラの通路に播くようになって、アブラムシの発生がほとんどなくなった。手でアブラムシを潰していたのが嘘のようである。

混植で病害虫被害を少なく

農薬を使わないと、ときには病害虫が大きな被害をもたらすこともある。そんな時に役に立つのがコンパニオンプランツである。被害は受けるが、少なくすることは可能である。

春まきの露地のカブは、キスジノミハムシの幼虫の食害で大部分が出荷不可能になる。しかし、カブのタネに一～二割シュンギクのタネを混播すると、食害が一～二割に低下する。シュンギクはキスジノミハムシの嫌いな作物である。

六月以降に定植するキュウリの株元にはハツカダイコンを数粒播く。通常はその頃からウリハムシの幼虫がキュウリの根を食害し、ときには半分以上枯死していた。しかし、ハツカダイコンの播種によって実被害はまったくなくなった。

ヤマトイモはネコブセンチュウの被害でまったく出荷できなくなることがあったが、ウネ間にマリーゴールドをまくと、被害はほとんどなくなる。

自然、作物、害虫に学んだ

私たち有機農業者は農薬をまったく使用しない。よって開始当初から多くの害虫に悩まされてきた。しかし、その経過から自然を知り、作物に教えられ、害虫からも学ぶことができた。今は全滅するような作物はまったくない。

チッソの多投が病害虫を呼び、野菜の栄養価を低くし、おいしくない野菜の生産となる。七分作、八分作でいいのではないだろうか。虫にもエサをやり、その分、必要量の二～三割多く作付けすればいいだけだから。

自然の中で人も生かされている。自然の中には虫も鳥もミミズやネズミ、モグラなどもいて、ともに目に見えない小動物、微生物の恩恵を受けている。（カラー口絵もご覧下さい）

現代農業二〇一一年八月号
クズ麦マルチとコンパニオンプランツで
無農薬野菜つくり

自然栽培「奇跡のリンゴ」に学んだ畑はどうなったか？

岩手県遠野市・佐々木悦雄さん（編集部）

防除なしでは収穫は無理といわれるリンゴの無農薬栽培を実現してみせた木村秋則さんは、一躍、時の人となった。

では、その木村さんに弟子入りして、リンゴの無農薬・無肥料栽培を始めた人の畑はどうなったのか――。

「定年帰農」を機に自然栽培

岩手県遠野市の佐々木悦雄さん（六四歳）は、六〇歳までは地元の建設会社の社長だった。二七歳で会社を継いで三十余年。土建屋の仕事に飽きて、会社を弟にまかせようと思っていたころ、自然栽培の講演のためにちょうど遠野にやってきたのが木村秋則さん（青森県弘前市）だった。

家には一haを超えるリンゴ畑があったが、管理をするのはおもにお母さん。共同防除の組合に入っているので、防除とせん定は頼むことができた。それ以外の収穫と下草刈り、施肥は自分でやらなければならなかったが、高齢のお母さん中心の管理では手がまわらない。それで、当時もすでに四年ほどは「無肥料栽培」になっていた。

肥料はともかく農薬なしでリンゴがつくれるなんて信じられない。木村さんの講演は冗談半分の気持ちで出かけたそうだ。ところが――。

「木村ウイルスに感染したんでしょうね」

今までたいして興味がわかなかった農業を、六〇歳を機にやってみたくなった。そして、どうせやるなら今からでは「地域の先輩方」に追いつけそうにない慣行農法よりも変わったことをやろうと、木村さん塾長の「遠野自然栽培研究会」の会員になった。一・五haのリンゴ畑を自然栽培することに決めた。

それから四年。肥料だけでなく農薬も使わなくなったリンゴの樹は一年目から激変した。まずは、その経過を追ってみよう。

▼一年目　葉がなくなった、秋に花が咲いた

春、花が咲いて小さな実がついて摘果をするところまではあたりまえ。とくに変わったことはない。五月、六月と進むと虫に食われた葉っぱが目立つようになってきて、「あー、やっぱりな」という感じ。七月末から八月初めになると、モニリア病が極端に広がってきた。展葉したばかりの若葉から病斑が広がって、葉腐れ状態になっていく。

八月中旬くらいから葉がパラリ、パラリと次々落ちていく。斑点落葉病の猛威！　結局、九月前半には葉っぱがほとんどない状態になった。葉がなくては実が太らない。冬のリンゴのような寒々しい枝にポツポツついた果実のほうも、せいぜい直径は七～八cmくらいで生長停止。

佐々木悦雄さん

モニリア病。当初に比べて蔓延することがなくなってきた

九月末になると、いっせいに花が咲きだした。これで翌年の花芽がなくなったから、もう次の年の結果まで見えたようなもの。生長を止めたリンゴは糖度が一一度くらいしかなかったが、ジュースにしていくらかは売れた。

▼二年目　花はふだんの一割、珍しい害虫まで出てきた

花の数はふつうの一割くらいしかなかった。木村さんには、シンクイムシを防ぐのに袋をかけたほうがいいと言われてやったが、数が少ないのでラク。

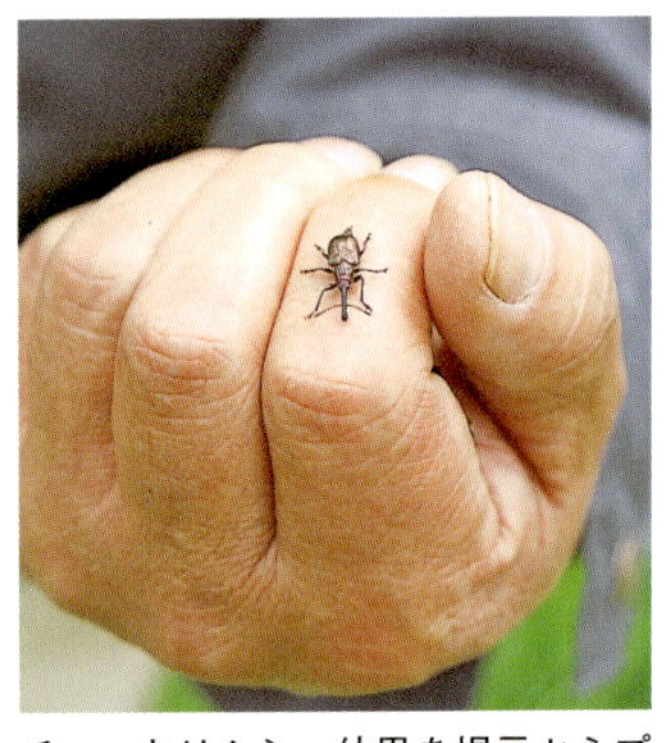

チョッキリムシ。幼果を根元からプツッと切ってしまう

九月になるとやっぱり葉がなくなって花が咲いたが、前年ほどではない。

袋をかけたおかげで、果実につく黒星病やすす斑病を防ぐこともできて、きれいな肌の小ぶりのリンゴが何kgかとれた。

一年目にくらべて害虫が増えた。いちばん目立ったのはハマキムシ。そのほか、セグロシャチホコ、さまざまなガの幼虫。また、チョッキリムシというリンゴ園ではまず見かけない害虫まで出てきた。その代わり、一年目は見られたハダニは、二年目以降はほとんど見かけなくなった。

▼三年目　葉が残るようになってきた

モニリア病の勢いがやや弱まった感じ。その後、黒星病・斑点落葉病などに侵されるのは変わらないが、九月後半まで葉が残るようになってきた。秋に花が咲くことはなくなった。

やはり生食できるリンゴはわずかだが、ジュース用は増えてきた。自然栽培のリンゴジュースは人気ですぐ売り切れ。

▼四年目　収穫量が増えてきた

モニリア病は弱まっても、相変わらず病気は出るし、虫にも食われる。だが、九月、十月まで残る葉はさらに増えた。

九月にとれる早生種のつがる・きおうを中心に五〇kgくらいが生果用として収穫できた。中生のジョナゴールドもきれいなのがとれた。ジョナゴールドは比較的病害虫に強そうだ。だが、十一月収穫の王林・ふじは途中で生育ストップ。

ジュース用には合わせて二t分くらい収穫できた（リンゴジュース一・二t分）。

リンゴの無農薬はやっぱり難しい、が…

いま振り返れば二年目が「いちばんみじめな姿だった」と佐々木さん。リンゴは少しはとれるようになってきた。とはいえ、一・五haの畑があれば収穫は三〇tくらいあるのがふつうなので、生果・ジュース用を合わせてもまだその一〇分の一にも届いていない。

「だから木村さんは『奇跡のリンゴ』、私のは『幻のリンゴ』と呼ばれています」

自然栽培のリンゴもリンゴジュースもなかなかの人気だ。でも、こんな少量生産は、リンゴがとれなくても生活の心配をしなくてもすむ佐々木さんだからできることでもある。近所のリンゴ農家も、興味はあるようでよく見に来るが、やってみようという人は誰もいない。

佐々木さんの四年間をふりかえってわかるのは、やっぱりリンゴの無農薬栽培は難しいということだ。肥料もやらない自然栽培なら病害虫は減りそうな気がするが、事はそれほど簡単には進まない。だが、秋に花が狂い咲きするほど樹が弱ったところから出発しての一年一年の変化も気になる。ジリッジリッと、リンゴの樹は病害虫に耐える力を増しているように見えるではないか。

農薬の代わりに食酢を散布

佐々木さんのリンゴ畑でのおもな作業は次のとおり。自然栽培といっても、何もしないで放っておくわけではない。

・**二～三月**…せん定。量よりも生食できるリンゴをいかに多くとるかが大事なので、光がよく入るよう強めのせん定。無施肥リンゴの樹勢を保つためでもある。

・**四月末**…食用廃油の散布。害虫の卵、若齢幼虫を窒息させる。

・**五月**…開花前から食酢の散布。食酢の散布は、以降、一般の防除暦の農薬散布時期に合わせて一三回前後。土を踏み固めるSSは使わず、動噴のホースを引きながら散布。

・**六月**…作業の邪魔になるところを草刈り。ただし短く刈らないで一〇cm以上残す。摘果、袋かけ。

・**九月**…上旬に草刈り。地温の変化をリンゴに知らせて、果実を実らせる態勢にもっていくため。

木村さんの食酢の散布は七～八回。だが佐々木さんのリンゴは、三〇年も無農薬を続ける木村リンゴほど病気に強くないので回数を増やしている。酢は害虫にはほとんど効かないが、病気の菌を抑える効果は多少あるかなと感じている。

生えている草は場所によって違う。ここはクローバやタンポポ、オオバコなどが多い

下草で山の環境に近づける

ただ、病気も酢だけで抑えようというのではない。大事なのはリンゴの樹を取り巻く環境だという。

かつて自然栽培が失敗続きだったころの木村さんは、収穫のない年が続いて経済的に追い詰められ、死を考えて山をさまよった。そのとき気づいたのが山の環境を畑に取り入れることだった。肥料も農薬もなしで樹木が茂る山では誰も下草を刈ったりしていない。

当時、一カ月に二回くらい丁寧に下草を刈っていた木村さんのリンゴは、無農薬一年目の佐々木さんと同じ状態を経て、一時は花が咲かない年が続くほど弱っていた。それが、下草を刈らない管理を取り入れることでふたたび花が咲き、実がなった。じつに無農薬栽培八年目のことだそうだ。

一方、下草をあまり刈らない管理とともに自然栽培を始めた佐々木さんのリンゴ畑は、無農薬三年目になると、病気・害虫は出るものの九月後半まで葉が残るようになった。秋の開花もこの年からなくなっている。四年目になるとその傾向はいっそう強まって、収穫の早い早生・中生では、葉の光合成が実を太らせるのに間に合ってきている。木村さんの無農薬三〇年の経験が土台にあるぶん、樹の変化は早そうだ。

草が地力を高める、病害虫に強い環境をつくる

では、下草を刈らないことにどんな意味があるのだろうか。

はっきりわかるのは土の違いだ。無農薬で三〇年、下草を残す管理で二〇年以上の木村さんの畑は、太い支柱がグッグッと一m近く押し込める。掘ってみると表層ほど団粒化していてコロコロ、サラサラした感じの土。保水力も透水性もある。一方、その木村さんに学んで五年目の佐々木さんの畑は、そこまで柔らかくはないが、歩いていて足の裏にホクホク伝わってくるような弾力性が出てきた。この土の変化が、リンゴの樹の力を高めることにつながっていそうだ。

佐々木さんの畑にはマメ科のクローバも多いので、空中チッソを固定して地力を高めることにも役立っているはずだ。最近はクローバよりオーチャードが優勢になってきたが、近くの転作田で肥料をやってつくる牧草などより色が濃くて立派に見える。この地力はリンゴの生育にも役立っている。

「草が茂っていると養分をとられるといってふつうは嫌うんですが、そうではないと思います」

佐々木さんは、自然栽培との比較のために農薬を七〇％減らした減農薬リンゴも一七ａつくっている。ここも草は生やしたまま。そして、自然栽培と同じくもう八年くらい肥料は入れていない。それでも収量は周囲の慣行栽培と変わらないし、昨年はむしろ多いくらいだった。

モニリア病のとらえ方も間違っているように思える。湿気があると広がりやすいので草を刈れといわれるのだが、佐々木さんは、草を生やした自然栽培の畑ではこの病気の広がり方が年々鈍くなっていると感じるからだ。木村さんのところにいたっては、モニリアはもう出なくなったといっている。

また、下草は天敵のすみかにもなっていそうだ。ダニ以外ではまだ害虫が減った実感はないが、ハチやクモが増えた。秋になると、クモの巣を手で払いながら動噴で食酢をまく羽目になる。

病気に負けない葉が命

前歯がないままにしている木村さんは「（芸能人だけでなく）リンゴも私も葉（歯）が命」といってよく笑わせる。たしかに葉がないことには、実が太らないし、花を咲かせる養分も樹体に蓄積できない。その木村さんが大事にするリンゴの葉は、黒星病や斑点落葉病に感染しても枯れず、病斑部分だけが丸く抜け落ちるそうだ。穴がポツポツ開いたままでも十月まで葉が残っているから光合成ができる。だから、無農薬でも一般のリンゴの二割減くらいの収量があるし、糖度は一五度前後になるという。

自然栽培リンゴは歯ざわりが違う

自然栽培五年目の佐々木さんのリンゴも、病気に負けない葉がこれからもっとふえ、リンゴの太りももっとよくなっていきそうな気配がある。四年目の昨年、早生のつがるは、収量は少ないが味はあたりまえになっていた。減農薬栽培する一七ａの畑のつがると区別がつかなかった。収穫時期まで光合成能力が維持されることで糖度も上がるからで、他の品種のリンゴの味もこの葉っぱの力しだいだ。

現代農業二〇一〇年八月号
自然栽培「奇跡のリンゴ」に
学んだ畑はどうなった？

木村秋則さんの自然栽培リンゴはなぜ病虫害を受けないか

弘前大学農学生命科学部・杉山修一

青森県弘前市の自然栽培リンゴ農家・木村秋則さん（倉持正実撮影、以下Kも）

私は、木村秋則さんと同じ青森県弘前市に在住し、木村さんのリンゴ園で研究している研究者です。木村さんのリンゴ園の秘密を解明するにはまだほど遠い段階にありますが、自然栽培とは何か、また、今後の農業における自然栽培の意義について述べたいと思います。

自然栽培との出会い

私が木村秋則さんの自然栽培と出会ったのは、七年前の平成十五年です。木村さんのリンゴ園で、無農薬、無化学肥料でも病気や害虫の被害を受けずにリンゴが育っている姿を見てたいへん興味を持ちました。

私が自然栽培に興味を持ったのは、私の研究者としてのバックグラウンドと関係しています。私は大学で農学（作物学）を勉強し、その後、大学の附属農場に助手として勤務しました。しかし、単純な農業生態系のなかで生産効率のみを対象とする農学より、多様な生物の相互作用により支えられた複雑な自然生態系に興味を持つようになり、アメリカの大学に二年間留学し、植物生態学を学びました。

農学と生態学両方の研究をしてきたことで、農業と自然の両方のシステムを併せ持つ自然栽培は恰好の研究テーマに見えました。それ以来、弘前市の岩木山の麓にある木村さんのリンゴ園に通い、なぜ農薬を使わなくても病気や害虫の被害を受けないかについて考えてきました。

木村さんのリンゴ園に通っているうちに、当初思い描いていたよりかなり複雑なメカニズムがそこに介在していることに気がつき、同時に、自然栽培が将来の農業に対して持つ意義についても理解するようになりました。

木村リンゴ園の三つの特徴

木村さんの自然栽培を理解するうえで重要な事実が三つあります。

ひとつは、木村リンゴ園のほとんどの葉が病気（主に黒星病）に感染するが、病斑は拡大せずに一定の範囲に抑えられていることです。つまり、病気にはかかるけれど広がらないという事実です。

二つめは、ただ無農薬を続けていくだけで

は病気に強くなるわけではないことです。弘前市の隣、黒石市にある青森県リンゴ試験場（現・地方独立行政法人青森県産業技術センター、リンゴ研究所）には病虫害の研究のためにわざと農薬を散布しない圃場があります。そこのリンゴは、何年も農薬をまいていませんが樹勢は弱々しく、多くの葉は病気により落ち、リンゴは収穫できません。このことは、病気に強くなるには農薬をまかないだけでは不十分で、それ以外の何かが必要なことを意味しています。

三つめは、慣行栽培から自然栽培に移るにあたって、病気に強くなるまでに三〜六年ほどかかることです。つまり、自然栽培の成功にはリンゴ樹やリンゴ園生態系の変化が必要なことです。

自然栽培リンゴは圃場抵抗性を持つ

私は最初、木村リンゴ園のリンゴの葉には内生菌（葉の内部に棲息するが病気を起こさない菌）が多いことから、無農薬により微生物の多様性が増し、葉内部での内生菌が競争により病原菌の増殖を抑えるのではないかという仮説を考えました。しかし、青森県リンゴ試験場の無農薬圃の病気に弱いリンゴにも多くの内生菌がいることがわかり、微生物間の競争だけでは病害抵抗性を説明するのは難しいという結論に達しました。このことから現在、木村リンゴ園ではリンゴ自体が病気に強くなっていると考えるようになりました。

作物の耐病性は、ある特定の病原菌のレースにだけ働く「真性抵抗性」と、すべての病気に対して強くなる「圃場抵抗性」の二つに分けられています。この二つの抵抗性には異なるメカニズムが関与しています。これまでの作物の耐病性の改良はほとんどが真性抵抗性を対象にしたものですが、木村リンゴ園のリンゴは、いろいろな病気に強くなっているので、圃場抵抗性といえます。

黒星病に感染しても病斑が拡大せず、一定範囲に抑えられている

リンゴの自然免疫が活性化しているのか

最近、ある特定の微生物が植物に感染することで病気の抵抗性が増すことが報告されています。この現象は「誘導抵抗」と呼ばれていますが、最近では免疫とも呼ばれています。「植物にも免疫!?」と驚かれるかもしれませんが、免疫には「自然免疫」と「獲得免疫」の二つのシステムがあります。免疫というと白血球などのリンパ球を思い浮かべますが、これは獲得免疫にあたります。自然免疫は、リンパ球が動き出す前の病原体の侵入を感知するセンサーとして機能するのですが、

木村さんのリンゴの葉は、病気に侵されても感染が広がらず、葉が落ちない。黒星病らしい病斑が見えるが、それが丸く抜け落ちたような跡も見える（K）

木村さんのリンゴの樹。樹齢35 年のふじ（K）

最近わかってきたことは、植物にも自然免疫があるらしいということです。

もちろん植物には白血球はありませんが、病原体を感知して植物独自の方法で病気から身を守るシステムが備わっています。私は現在、自然栽培の何かがリンゴの自然免疫を活性化し、そのことがすべての病気に強くなる圃場抵抗性を高めるように作用しているのではないかと考えています。

下草をなるべく刈らないことや食酢を散布する木村さんの管理を通じて生じる何かが免疫を強化しているのだと思います。

しかし、自然栽培の何が免疫の活性化に関与しているかはまだわかっていません。植物の免役システムは研究が始まったばかりで、詳細なメカニズムは今後の研究を待つ必要があります。

自然栽培と有機栽培を比べると

「無農薬を続けるだけでリンゴが病気に強くなるわけではない」という事実は、自然栽培と有機栽培の違いを考えるきっかけとなりました。

これまで、無農薬、無化学肥料による作物栽培として自然農法が知られています。二年前に亡くなった福岡正信氏は自らの農園で自然農法を実践し、多くの著作を残しています。

木村秋則さんは福岡正信氏の著作に影響を受け、自然栽培を開始していますので、自然栽培と自然農法は同じルーツにあるといえます。岡田茂吉氏も一九三〇年代に自然農法を提唱し、現在もその流れは自然農法国際研究開発センターにより引き継がれています。しかし現在、自然農法と有機栽培の区別は必ずしも明確に定まってはいないようです。

自然栽培と有機栽培は化学肥料や合成農薬を使用しないという点では同じです。ただし有機栽培は、近代農法の反省に立って人工的に合成した肥料や農薬を使用せずに堆肥や鉱物など自然の代替物に置き換えるプロセスが中心です。また、認証制度により生産方法や使える資材が明確に法律で決められているため、有機栽培ではどのような資材を使用するかが栽培の重要なポイントになります。有機栽培は慣行栽培を基点とし、そこから資材の投入を減らし、改良を加えた栽培法と言ってよいかもしれません。

一方、自然栽培の出発点は、何も手を加えない自然状態にあります。作物は潜在的な能力を持っており、その力を引き出すために人間が手助けするという考え方です。

自然栽培は作物の持つ潜在能力を引き出す

この違いはわかりにくいかもしれませんが、木村リンゴ園で病害がなぜ起こらないかを見ていけば理解しやすくなります。合成農薬を使用しないという点では有機栽培も自然栽培も同じですが、無農薬だけでは必ずしも作物は病気に強くならないのは先に指摘したとおりです。自然栽培では、自然免疫のような作物が本来持っている力を発揮させるために何かをします。この何かをするかしないかに、自然栽培と有機栽培の根本的な違いがあると思います。

作物の持っている潜在的な能力を引き出すという意味で自然栽培の領域に達している先端的な有機栽培農家もおられますので、自然栽培と有機栽培は重なる部分があります。しかし、出発点で両者には明白な違いがあります。

私は、高い収量性をもたらす近代農法は、人口増加が続くこれからもいっそうの重要性を持ち続けると考えています。しかし一方、化学肥料と合成農薬に頼る近代農法は作物が本来持っていた能力を奪ってきたのかもしれません。そのことを気づかせてくれるだけで自然栽培には大きな意義があるし、木村さんの農法は、これまでの近代農法とはまったく発想の異なる新しい農業の可能性を示してくれます。

害虫被害を減らす生態系ネットワーク

自然栽培が成功するためには作物や生態系が変化する時間が必要です。木村リンゴ園では、自然栽培を始めた当初大量発生していたハマキムシが、最近では目にすることも少なくなっています。リンゴ園の生態系が変化し、天敵防除を可能にする多様な生物相ができたためでしょう。

生態学で最近注目を集めている研究に、植物が放出する揮発性（気体）物質があります。植物は一七〇〇種類もの多様な揮発性物質を生産することが知られていますが、植物は他の生物とコミュニケーションをとるためにこの多様な揮発性物質を利用しています。

たとえば、アブラナ科の野菜がアオムシの食害に遭うと揮発性物質を放出して寄生蜂を呼び寄せ、アオムシの害から身を守ります。また、トウモロコシは根が土壌昆虫の食害に遭うと揮発性物質を放出し、天敵である寄生性のセンチュウを呼び寄せ、食害を免れます。さらに、揮発性物質は、隣接する植物に捕食者が近くにいることを知らせ、防御態勢をとるように知らせる役目もしています。

このように、植物は、捕食者の食害から免れるために揮発性物質を利用した生物間の巧妙なコミュニケーションを進化させています。自然界では生物は目に見えない複雑なネットワークにより互いに繋がり合っているのです。自然の植物が農作物のように農薬をまかなくても害虫の大きな被害に遭わないのは、このような精巧な防御機構を発達させているからです。

農薬をまかないと農地の生物多様性が高まります。しかし、生物多様性が高まるだけでは必ずしも害虫防除には充分ではありません。生物間に緊密なネットワークが形成され、ひとつの共生社会が誕生してこそ、生物多様性が機能するのです。そして、このネットワーク形成には時間が必要です。

農地の生態系が生きもののように変化してゆく。このような体験をされている先端的な有機栽培農家は少なくないのではないでしょうか。しかし、自然の条件に任せたままでは、ネットワーク形成も時には不安定になり、時間もかかります。木村さんの自然栽培は、人間の手助けにより生態系のネットワーク形成を安定的に促進しようとする意図があるようです。ここにも、自然栽培の特徴が見て取れると思います。

自然栽培は里山と似ている

化学肥料や農薬を使うと生物多様性はきわめて低くなります。それに対して、人間の手が入らない手つかずの自然は多様性に富み、豊かであると考えられています。

しかし、自然遷移にまかせた手つかずの自然は逆に多様性が低くなります。かえって、人により定期的に撹乱（火入れ、刈り取りなど）を受けてきた生態系のほうが環境が多様になり、生物多様性や生産性が高くなるのです。このことは生態学では中規模撹乱仮説と呼ばれており、実験・観察データからも広く支持されています。

里山は、そこに住む人びとの撹乱により成立してきた日本の伝統的な林です。世界自然遺産の白神山地のブナ林はたいへん貴重な生態系ですが、自然遺産のブナ林より日本各地にある里山のほうが生物多様性が高いのです。

「草が土をつくってくれる」という木村さんは、秋になるまで下草をできるだけ刈らない。作業の都合で刈るときも10㎝以上残す（K）

人がかかわることで多様性と機能を維持してきた日本の里山は、木村秋則さんの自然栽培に通じるものがあります。人間が自然に働きかけ、作物と農地生態系の本来の能力を発揮させるという意味で、自然栽培は里山農業と言えるのかもしれません。

西欧文明には人間が自然を支配するという思想が強くありますが、日本の伝統的な自然観は人と自然の共生です。作物が本来の力を発揮し、生物どうしのネットワーク形成を手助けする自然栽培の考えは、日本の伝統的な自然観に近いものがあります。

福岡正信氏は、細分化された農学では自然農法を説明できないと考え、難解な哲学に向かいました。しかし、福岡正信氏の時代と比べ、現在の科学はずいぶんと進歩しています。私が木村リンゴ園で見る不思議な現象も、現在の生物学の先端研究と接点を見いだすことが多々あります。自然栽培が科学的に解明される基盤はできつつあります。また、科学的解明があってこそ、自然栽培の普遍的な技術への移行が可能となります。

自然農法も自然栽培も日本でつくられた独創的な栽培技術です。これらの独創的な栽培技術の科学的解明を通じて、普遍的な技術に作り上げてゆくことは、日本のたいへん重要な研究課題と考えています。

現代農業二〇一〇年八月号
木村秋則さんの自然栽培リンゴは、
なぜ病虫害を受けないか

一人で四haの自然農法 うまい米を毎年八俵以上とる

山形県酒田市・高橋義昭

筆者。『農業技術大系　作物編』（農文協刊）にも自然農法実践家として執筆（倉持正実撮影）

「無肥料・無農薬？そんなバカな」からの出発

私の自然農法への取り組みは、昭和四十九年からである。そのころは米の増産の時代。無化学肥料で無農薬といえば笑われたくらいで、誰一人興味を示さなかった。

私も、その一人であった。当時、山形県鶴岡市大山で無肥料・無農薬に励んでいた故阿部重吉氏の話を耳にしたとき、「まさかそんなバカな」との疑いを抱きながら見学したものであった。

しかし阿部氏のイネ・野菜の想像以上の生育に戸惑いを感じて交流をもつようになり、この取り組みが、自然農法の創始者・岡田茂吉氏によって昭和十年頃から行なわれていたことに改めて仰天させられた。そして将来のために価値ある農法と思い、私も四aから出発した。

過信が招いた大失敗も経験

その後昭和五十五年までの経験で九俵以上の安定収量をあげる成果と自信がもてたので、昭和五十七年には三〇五aの全面積で実施した。

この年は春の好天に恵まれて田植え後の苗の初期生育が早く、葉色もかつてなく良好だ

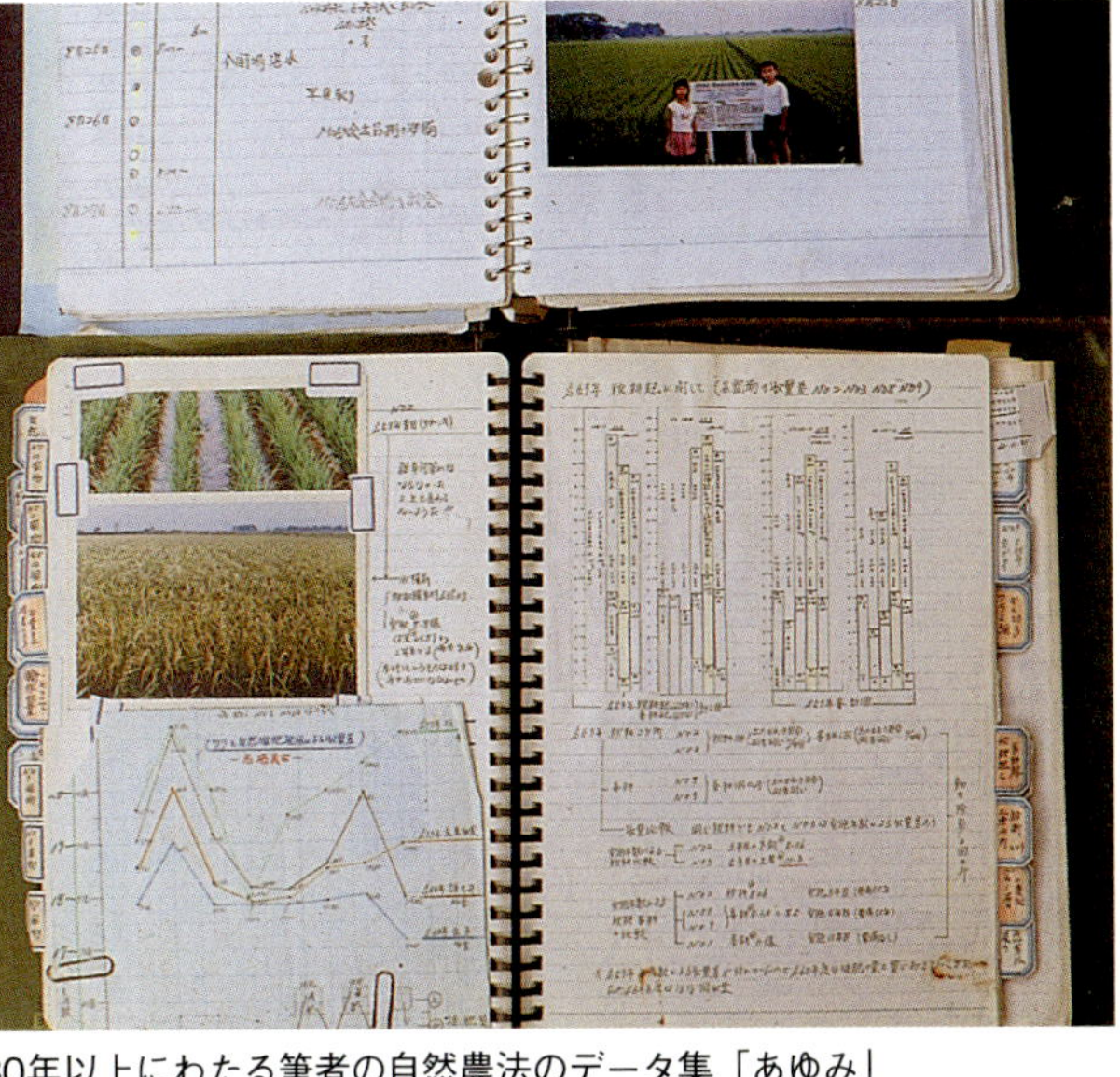
30年以上にわたる筆者の自然農法のデータ集「あゆみ」

った。また六月十五日頃までは雑草も少なかったので、つい「このままなら全面積無除草でも大丈夫」と思ってしまった。

これが大失敗だった。以後雑草がどんどん生え、七月頃にはイネが勝つか雑草が勝つか…という状態に。祈る思いで観察することしかできなかった。

九月の高温少雨も災いし、結果は大減収。圃場整備二年目で土づくりに配慮しないままに実施拡大したことも、考えてみれば迂闊だった。

世間の自然農法に対する認識度が低かった当時、この失敗に対する風当たりは並みではなかった。減収そのものの影響よりも、世間から受けた精神的苦痛から「自然農法を断念しようか」と何度思ったことか。

いっぽうで私の恩師である反川昭八氏からは「苦労を克服してほしい」と秋田県の先駆者・故佐藤清太郎氏を紹介いただき、苦労の体験を学びに行った。ほかにも多くの先輩からアドバイスをいただき、今日に至っている。私にとって自然農法は、作物をつくるだけでなく、人間形成をも担う農法であると痛感している。

データを徹底的に記録して検討

以来あの苦い体験を繰り返さないよう、天候や各圃場ごとの管理とイネの姿、収量など項目別の実態やデータを今日まで記録してきた。三〇年以上にわたる日報と資料は膨大になる。

成果は徐々に現われ、今では雑草対策にも目途がつき、約四haの全面積を自然農法で実施、八俵以上の安定収量をあげられるようになった。

しかも家内には「農作業をさせない」という条件で結婚したので、労働力は基本的に私一人。重い動力除草機をもってぬかるんだ水田内を歩く距離だけでも、じつに約九〇kmにおよぶ。体力がないとできないが、対応策として農閑期である冬期はよく山に行き、スキーで股関節を中心に足腰を鍛えている。おかげで春先からの作業や水田内の除草作業も足どりは軽快である。

また過去に経済苦を体験したことで、水田走行モミガラ散布機、大低温倉庫なども自分で開発してきた。四年前新築したマイホームの内外装飾品も、自分の発想でつくった。こういうものをつくりたいと思うと、自然と頭の中にイメージが湧いてくるのだ。自然農法は、私にとって体力増進のスポーツであり、ものをつくる芸術でもある。

私は、そんな自然農法を社会性ある農法にしたい願望で今日まで実施している。

投入するのはワラと植物性有機質資材のみ

▼イネに過不足ない量を見極める

まずは自然農法で使う資材について。

私が水田に投入するものは、ワラ全量と植物性有機質資材のみである。化学性のもの、動物性のものはいっさい使わない。以前は河川敷の刈り草でつくった自然堆肥とモミガラも使用していたが、準備に労力がかかり過ぎるうえ分解に時間がかかるため、現在は使用していない。

　必要なことは、イネが必要とするものを、過不足なく供給することである。そのようにして育ったイネは、葉と葉耳がピンと立ち、日光や、雷によって生まれた雨水のチッソ分などをしっかり受ける。自然の恩恵をフル活用することができるのだ。

　さらに葉も茎も硬いので害虫や倒伏に強く、夜露や湿気などはスッと抜けるので病気もつきにくい。よく「無農薬だから病気が起きる」と思いこんでいる方が多いが、これはまったく自然界を知らない方である。水田投入物の正しい使用方法を考え、過不足なく供給している私の水田には、隣の水田でイモチ病が多発してもうつらなかった。

　多収を意識するあまり肥料分の多すぎる水田のイネは、葉がやわらかく垂れ下がってくるため自然の恩恵を受けにくく、病気にもなりやすく、結局、収量・品質・味も悪くなる。とくにダイズ転作跡地、畜糞尿や未熟有機物の投入は要注意である。

慣行農法のイネ　筆者のイネ
硬い　やわらかい

7月中旬のイネを1株ずつ掘り出してみた。筆者のイネは、元肥に大量の化学肥料を使った慣行農法のイネと比べると茎数はそれほど多くないがピンと立ち、光も風も通りやすい。土は表面をすくうと流れ落ちてしまうほどやわらかいトロトロ層が発達している

▼土が養分不足なら有機資材を投入

　逆に土の養分不足にも注意したほうがいい。自然農法の稲作実施者の中には、イナワラだけ戻すことにこだわっている方もいる。たしかにワラだけで問題なくイネができるところもある。しかしそういうところは、たいてい盛土埋め立て地や干拓地といったもともと肥沃な土地条件である。圃場整備して地力が失われた水田などでは、ワラだけではイネに元気がなく、たいてい減収、食味低下といった結果に終わる。

　要は、通りいっぺんに真似するだけでなく、土地土地に応じてイネの姿を見ながら対応するべきなのである。前年度の収量や品質を考慮して養分が足りないと感じたら、有機資材の投入を実施すべきであると私は思う。


筆者の自然農法のイネの葉色と姿（品種ササニシキ1984）

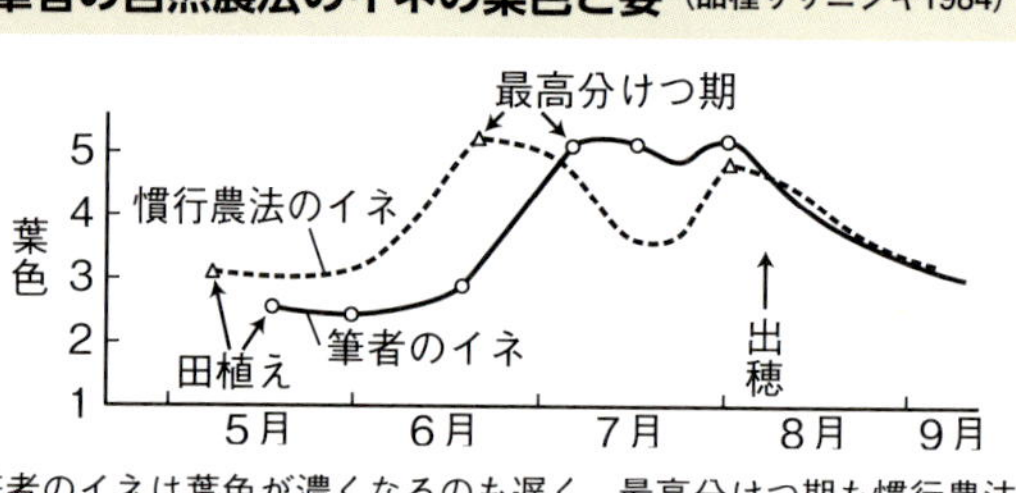

筆者のイネは葉色が濃くなるのも遅く、最高分けつ期も慣行農法の田んぼより10日ほど遅くなる

▼人間が食べられる有機資材を使用

　私の場合は、自然農法で認可されたエリート有機（製造：コーユ㈱）を反六〇〜八〇kg（チッソ分で三〜四kg）春先のトラクタ耕起時に投入する。この資材は、米ヌカ・魚粕など一〇〇％人間の食べられる原料からつくられたもので、養分供給と同時に放線菌など微生物の供給にも役立つ。

　これだけで収量は安定して八俵以上。食味値は庄内のコンクールで九五（シズオカ食味計GS-1000）で上位入賞、〇八年には自然農法米食味コンクールで全国二位、品種はいずれもササニシキである。ほかの出展者の大勢が食味値の上がりやすいコシヒカリであ

った中での記録として考えても、品種以上に土づくりが重要であることがわかるだろう。

▼トロトロ層が発達する

よくできた自然農法の水田の土は、すくいとると表面が崩れて泥が自然に下方に流れ落ちる。これが通称「トロトロ層」だ。こういった土の様子がもっとも重要である。

トロトロ層を水を切った状態でよく見ると、爪楊枝の先ぐらいの小さな無数の穴からミミズが顔を出しているのがわかる。そして土に息をかけたり指で振動を加えると、いっせいに穴の中にもぐる。このミミズをはじめとした小動物たちが、トロトロ層をつくる要因であると私は思う。農薬や化学肥料を使わず、ワラや適度な有機質資材を入れることは、これら水田にいる小動物たちを活性化して土をつくっていくことにほかならない。

対して慣行農法の土は、すくいとっても原形を崩さずそのままである。化学肥料・除草剤の使用により無生物化しているからであろう。

筆者の田んぼは分けつが遅いので、6月25 日の時点では寂しく見える。でも7月になるとどんどん分けつが増え、そのままほとんど穂になるので８月には見劣りしない姿になる

分けつは遅い でも動揺する必要はない

次に自然農法のイネの生育の仕方を簡単に説明しよう。

自然農法のイネの分けつは、元肥に化学肥料をたっぷり入れた慣行農法のイネが半分以上の茎数を確保してからようやく始まる。最高分けつ期は、その年の天候にもよるが、だいたい慣行農法のイネより一〇日ぐらい遅くなる。だから初めて実施する方は、あまりに遅い生育に心が動揺する。

遅い原因は、投入する有機質資材が化学肥料のように速効性ではないこと、そして地上部よりも根が優先的に生長し、直根が深く土の盤に到達してから分けつが始まるからのようである。

しかし、出た分けつはほとんどそのまま穂になるので、最終的には坪七〇株植えで一株一八～二一本の穂数を確保できる。また余計な茎が出ない分、穂に十分な養分がいくためか稔りはよく、米粒の見た目はササニシキよりも大粒の「はえぬき」に似ていると言われる。

そして食味は前述の通り。私は一〇年前の政治的規制緩和で「つくる自由・売る自由」の時代となってより産直してきた。テレビによく出る有名寿司店はじめ百数十軒のお客様に一年を通して相対で販売しているが、今日までキャンセル・未払いは一件もない。これが私の米の評価である。

現代農業二〇一〇年三月号
自然農法イネの安定栽培技術を公開
一人で四ha、うまい米毎年八俵以上

米ヌカペレット三回まき 赤水維持でコシヒカリ一〇俵どり

新潟県新潟市・山岸眞一さん（編集部）

写真上：トロトロ層と赤い水を維持できれば草は生えない。その下の写真は、川の水、山岸さんの田の水、慣行の田の水の色を比べたもの

山岸眞一さん（69歳）。ゆふの田んぼを歩くと、フワフワと弾力があるのがわかる

ＭＯＡ自然農法の人たちの間で、最近話題の技術――。

「米ヌカ除草の新段階」かとも思える新潟市の山岸眞一さんのやり方だ。米ヌカは一〇a七〇kgぽっきりを数回に分けて。除草機は一度も押さずとも草は生えない。そしてこのやり方で年々収量を上げてきた山岸さん、昨年はとうとう無農薬コシヒカリ六〇〇kg！一〇俵どりを達成した。

「多収なのにうまい米」は「土の偉力」でとる

「無農薬だから七俵八俵で十分、それ以上とったらまずくなる、っていう人ばっかり増えてきた。そんなふうに自分で決めちゃったらおもしろくないし、本当は違う。自然農法というのは、真底おいしくて身体にいいものがたくさんとれる技術なのだと証明したいのです」――山岸さんの願いはそこにある。ラクにたくさんとれる技術こそ、農家を経済的にも豊かにするはずだと思うからだ。

このとき大事なのは、「チッソで米をとるのではない」こと。「土の偉力を引き出す」ことで草を減らし、収量をとる。そうすれば、米は決してまずくならないのだ。げんに山岸さんの米は、自然農法内部の官能検査で毎年表彰されるほどの食味である。

ちなみに、自然農法の祖・故岡田茂吉の言には「肥料を吸収する野菜は、天与の味わいは逃げてしまうのである。それに引き換え土自体の栄養を吸収させるようにすれば、野菜それ自体の自然の味わいを発揮するからじつに美味である」「よくよく自然農法の原理とは、土の偉力を発揮させることである」などがある。

この言葉の意味するところをいつもいつも思案しながらやってきた山岸さんだが、昨今ようやくその中身が見えてきた気がしている。

山岸さんの昨年の実際の施肥量は、田植え後から数回に分けてまく米ヌカが総計一〇a七〇kg、穂肥にするナタネ粕が一五～二〇kg。他には何も入れない。仮にチッソ計算してみると、一〇aたったの二・四kg。なるほどこれは、「眠れる土の偉力」なるものでも引き出さない限り、一〇俵を生み出せる施肥量ではない。

昨年の10俵とれたコシヒカリは、すっきりと美しいイネ姿だった

「自然農法」の域に達せず、まだ「有機農業」だった頃——

▼有機物を入れると草が減る!?

山岸さんも、以前は苦労してきた。「自然農法稲作は、イナワラ以外のものはいっさい入れてはいけない」といわれていた昭和六十年頃までは、やせた土で草は生え放題。抑草の手段といえば深水にする以外には知らず、除草機を押すのはもちろん、手取り除草も頻繁だった。田んぼが乾くと草も根を張って、なかなか抜けなくなるほど土が固かった。それでも勤めながら八俵くらいはとれていた山岸さんは、かなりいいほうだったと思う。

昭和六十二年、自然農法のガイドラインが制定され有機物投入が認められてからは、山岸さんは、脱脂大豆粕や米ヌカ・ピートモスなどの「発酵培養堆肥」を元肥に施用。九俵近く収量が上がるようになった。と同時に、このときから草の苦労がうんと減った。

元肥が入るわけだから、イネの初期生育がよくなって、草に負けにくくなるだろうことはある程度予想していた。イネが先に大きくなれば、草は日陰になってあまりのさばらなくなるのが道理だからだ。だが、こんなに草が減ったのは、どうもそれだけが原因ではなさそうだった。残った草を手取りに入ったときにビックリしたのは、土の表面がツルツルに軟らかくなっていたこと。草は力を入れなくてもスルッと抜けるし、この土のおかげで生えにくくなっているようにも見えたのだ。「有機物を入れたせい?」そんなふうに直感した。

そういえば、田んぼは毎年六月半ばをすぎて暑くなってくると、土の表面がわいたようになって草があまり生えなくなる。草が生えて困るのは、それより以前の田植え後一カ月半の間の話だ。有機物を入れたことで田んぼの表面がツルツルになって草が生えないという現象は、夏に草が減るというこの現象とどこか似ているようにも山岸さんには思えた。

さらにこのとき、草の数も減ったけれど、種類も変わった。やせ地に多いといわれるマツバイが急に減少したのは、田んぼが肥沃になったせいではないかなと思われた。

▼「米ヌカ除草」の発見

山岸さんが生の米ヌカを表面施用するよう

左は水で湿らせただけの米ヌカ
右がペレットにしたもの（倉持正実撮影）

米ヌカペレットなら、アゼからいつでも何回でもまける

になったのは、それから二〜三年後のことだったと記憶している。有機物を入れると田の表面がツルツルになって草が生えにくくなることに確信が持てたので、もっとたくさんの有機物を投入して、もっと草を減らしたいと考えたからだ。かといって、元肥をそれ以上増やすわけにもいかなかったし、大豆粕を大量にやるとチッソが多すぎる。たくさんやっても影響の少ないもの、として米ヌカが浮上してきた。

　が、生の米ヌカを元肥にたくさん入れるとイネによくなさそうな気がした。そこで、田植え後、イネがしっかり活着したのを確認してから施用。ブルーシートの上に米ヌカを広げ、じょうろで水を打って湿らせたものを団子にして、田んぼの中をまいて歩いた。確かこのときは一〇a七〇〜八〇kg。なるほど土はツルツルを通り越してトロトロ状態になって、草はいよいよ生えなかった。「米ヌカ除草の発見」である。

「私が一番最初かどうかなんて、そりゃわかりませんよ。全国各地でいろんな人が同時的に工夫しながら発見していった方法なんじゃないですか？　その後、『現代農業』とかでもずいぶん米ヌカ除草の記事載せてたから、ああみんな似たようなことやってるんだなあと思って見てました。私が違ったのは、一度にそんなにたくさんの量をまくことはしなかったということですね」

▼まだ自然農法の域に達せず

　山岸さんは二年目からは、一度に入れる米ヌカはどんなに多くても四〇kgまで、と決めたという。足りない分は、時期を見てまた改めてまけばいい。一度にたくさんまくと、ガスがわいたようになってイネに障害が出るからだ。その後、田植え後に一〇〇kg入れたという人の田も見に行ったことがあるが、腐敗菌が出てるのか「くさいな」と感じた。有機物は一度にたくさん入れると、どうしてもくさくなる。くさいとイネの生育が遅れるし、そもそも何か間違っている気がする——。

「でも、今から思えばこの当時はまだ、自然農法の域に達しておらず、ただの『有機農業』でしたよ。除草剤の代わりに米ヌカ、化学肥料の代わりに発酵堆肥をチッソで何kgとか計算したりしてね。『代替農業』の域を出てませんでしたから」

▼米ヌカペレットで、いつでも何回でもまける

　そういう意味で山岸さんが「土の偉力を引き出す」自然農法の域に近づいたのは、平成十三年、米ヌカペレットを使い始めた頃から

浅く耕耘。ワラはできるだけ細かくして土にまぶす。このワラも、微生物のエサとなる

刈り株を掘り出したところ（グライ層は時間がたって赤くなった）。山岸さんの考え通り、2層に土が分かれている。この2層をごちゃ混ぜにしないことが、草を生やさないコツ

らしい。

当時、勤めで金沢のほうに単身赴任していた山岸さんは、田んぼの日常管理を親戚の高橋さんにお願いしていたのだが、高齢の高橋さんが米ヌカの手散布にもう音を上げていたのだ。その頃はまだ富山のタイワ精機のペレ吉くんが売り出されておらず、山岸さんは愛知県豊橋市まで行って、林鉄工所の圧縮ペレット成形機を七〇万円くらいで購入した。

米ヌカがペレットにさえなっていれば、まくのは簡単。アゼから動散でグルリとまけば終了だ。まきたいときにいつでも気軽にまけるわけだし、少量ずつの散布でも、圧縮ペレットは重たいのでいったん沈んでから田面にジワジワ広がる。これまでより断然均一にまけるようにもなった。

さて、そうなって山岸さんは、元肥を入れるのをやめてみた。だんだん田んぼが変わってきたのか、元肥なしでもイネは生長していくだろうなというふうに見えてきたのと、上からふった米ヌカが結構あとから効いてくる感じがあったからだ。元肥をやめた分、少し米ヌカを増やして一〇a一〇〇kg。四回くらいに分けてしょっちゅう散布する体系にして、安定九俵を達成。

それまで「米ヌカだけじゃ心配だから、どうしても一回だけは除草機を押させてくれ」と言っていた高橋さんを、「ペレットをしょっちゅうまけば大丈夫だから。草の発芽が見えたら除草機を押すことにしましょうよ」と説得し、とうとう除草機なしの無除草稲作を確立できた。

グライ層を表面に出さなければ草は出ない

▼水田雑草はグライ層から生える

だが本当は、無除草稲作の確立は米ヌカペレットのせいだけではない。この頃のもうひとつの大きな変革は耕し方にあった。

土の偉力の発揮について真剣に考えていたせいだろうか。山岸さんはこの頃、無肥料時代に不耕起に挑戦したことをよく思い出していた。不耕起は最初はいいのだが、年々土が固くなって分けつが不足し、手植えも大変になってくるので結局はやめてしまったわけだが、なぜか水田雑草がどんどん消えていくという現象が見られた。かわりにアゼの雑草みたいな草が増えては来るのだが、それまでさんざん泣かされたコナギやヒエはめっきり出なくなった——。

どうしてもそのことが引っかかっていた山岸さん、ついに「水田雑草はグライ層から出る」という結論に至った。不耕起で水田の草

が消えたのは、グライ層を表面に出さないからだ。

山岸さんの考えでは田んぼは二層に分けられる。イネの根も、養分を吸収する上根と、稲体を支持してまっすぐ下に張っていく直下根とに分けられるが、これらの根はそれぞれ田んぼの土をつくる役割も持っている。作が終わって、たくさんの上根が分解してできていく層が作土層、直下根の根穴が残って透水性を改善しようとしている層がグライ層。

▼グライ層を出さないよう浅く丁寧に耕す

この二層をきちんと分類することが大事で、耕耘でこれをごちゃ混ぜにしてしまうようなことがあると水田雑草がはびこる、と考えるのだ。だから、耕耘も代かきも浅く浅く。耕深はせいぜい五cmで、決してグライ層を表には出さないようなやり方に変えた。

ちなみに「浅く耕す」といってもいろいろあるが、山岸さんの場合は「浅く粗く」ではなく「浅く丁寧に」が特徴だ。表面にあるワラはよくよく細かくして土にまぶし、分解させてやることが大事なので、車速はゆっくり、ロータリは速く、というのが原則。ワラはいくら細かくしても、表面にある限りガスを出したりしないので、草が生える心配はない。そう、気をつけて見てみると、コナギが

途中の落水はこのくらい。落水すると、微生物や小動物が減るのは避けられないので、このあと、また少し米ヌカをまき、元気づける

生えるのは、決まってグライ層にイナワラが混じってガスがわいたところである。

微生物たちが肥料をつくる

▼トロトロ層は微生物たちの肥料工場

山岸さんは平成十五年には定年退職し、五反の田んぼの作業をすべて自分でやるようになった。「土の偉力を引き出す」稲作のいよいよ本領発揮である。

岡田茂吉は「天から降ったもの、地から湧いたもの」のみで田をつくれと言っている。この言の解釈のいろいろで自然農法が完全無肥料主義でいくかどうかいつも議論が分かれてきたわけだが、山岸さんが出した結論は、「天から降ったもの、これは雨でいいですよね。雨水に含まれるチッソも利用できます。地から湧いたもの、これが難しいのですが、私はその地にある微生物が生み出したもの、と考えます」。

グライの混じらない山岸さんの表層作土層は、微生物のうごめく天然の肥料工場である。表面はトロトロ、水は赤い。赤い水は、空中チッソも固定する能力のある光合成細菌がたくさんいる証拠だろうと、多くの人が言う。

▼米ヌカは除草のためではなく トロトロ層と赤い水の維持のため

「赤い水は朝は薄くて、昼間暑いときはものすごく濃くなるんですよ。夕方はまた色が薄くなって……。ああここに、生きものがいるんだなあと感じますよ。チッソ固定ということの他にも、微生物や小動物が生まれて死んで、それ自体がイネに栄養を供給してくれます」。地から湧いたものの力を存分に生かすこと＝土の偉力を引き出すこと。

米ヌカはだから、除草のためにまくのではない。微生物を元気にするエサになればいいだけだ。トロトロ層と赤い水。この状態を維持できていれば、草は生えないし、肥料はどんどん生み出される。だから、たくさんまく必要はない。赤い水が少し薄くなってきたなと思ったときに二〇kgくらい足してやる、と

いうことを続けるのが山岸流だ。

米ヌカ七〇kg 土の力で米一〇俵を稔らせる

米ヌカによる無除草体系を確立した山岸さん、ここ数年は「自然農法でいかに収量と品質を上げられるか」を追究している。いちばんの特徴は、米ヌカの量がだんだん減ってきたことだ。かつては年間一〇〇kg四回に分けてやっていたものを年々減らし、昨年はとうとう約七〇kgを三回に分けた。

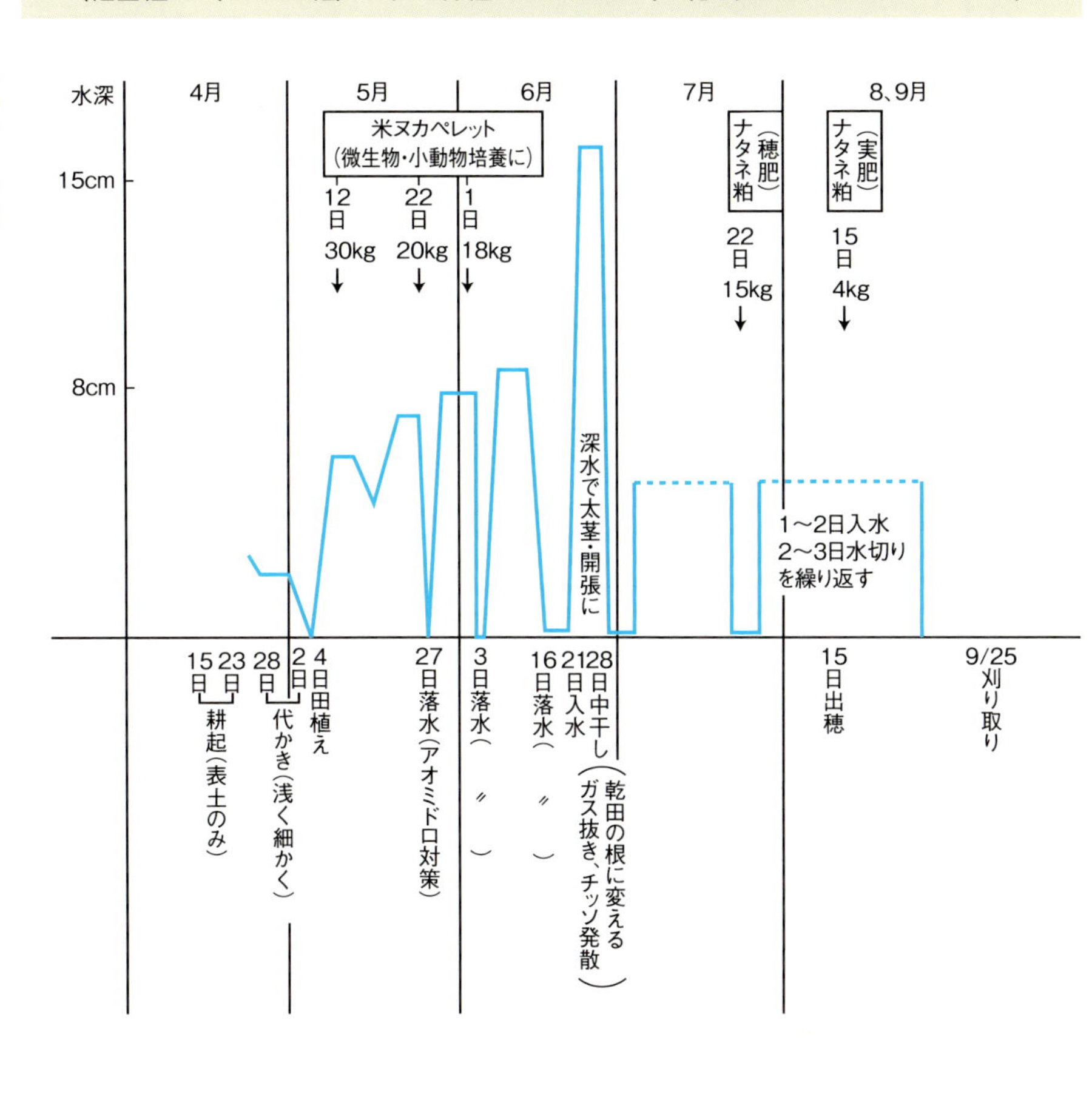

昨年、10俵とれた山岸さんの田の管理
〈稚苗植え（10a20箱）、坪60株植えコシヒカリ〉（水深はだいたいのイメージ）

一〇〇kgやってしまうと、どうしても六月下旬の中干しの頃に効いてくる。すると穂揃いも悪く、茎数も増えすぎて最後に青米・未熟粒が出る原因になってしまうのだ。葉色が落ちないので穂肥も打てない。すると有機のイネによくありがちな、最後に若干、体力不足気味のイネになってしまうのを感じる。九俵半くらいとれることはあっても、クズ米が多かったことを山岸さんは反省した。

米ヌカを七〇kgに減らし、栽植密度を無理せず五〇株から六〇株に増やしてみた昨年は、イネが綺麗ですっきりできた。無効分けつもあまりなく、穂肥も打てるようになって、登熟もよくなった。秋の稔りはじつに美しい。

周囲の慣行稲作は、昨年軒並み九俵〜九俵半で二等米が四〇%。山岸さんの自然農法の米は、一〇俵で最高品質・クズ米一五kg。化学肥料とも農薬とも縁のない「土の力で稔らせる」自然農法の米が、慣行を超えた日が、とうとうきた。

現代農業二〇〇七年五月号
米ヌカ除草の元祖!?
ペレット三回まきの赤水維持で一〇俵どり

雑草が生えにくい田んぼの話

（財）自然農法国際研究開発センター・岩石真嗣

代かき前にイナワラをすき込んだ田。全面がコナギに覆われた

自然に順応し、土の力を引き出す

最近、有機農業の技術を体系化（一般化）する研究に従事しています。これまでの自然農法としての取り組みや方向性に対して、有機農業の研究者から大きな関心と期待が寄せられていることを感じます。私は、もし有機農業と自然農法の違いを問われたら「方向性はまったく同じで、起源や名称が違う」と答えます。起源や言葉の違いから、有機肥料を使えば有機農業だとか、天然放任すれば自然農法だとか、質の異なる誤解がありますが、めざす方向は同じだと思っています。

いろいろな人がさまざまに、有機農業や自然農法を説明しています。私は日本生まれの無肥料栽培をルーツとした自然農法が、核心的な意味を持つと思って研究していますが、不耕起、無施肥、無農薬などの栽培方法で決めるのではなく、完成した農法を自然農法と呼び、理想の目標として研究を進めています。もちろん、自分がやっている自然農法の現状は未完成段階であり、常に深化に努めています。

完成した自然農法、あるいは本来の有機農業の目標を簡単に説明すると、「自然に順応し、土の力を引き出して、作物生産を安定的にできること」になると思います。

生ワラを地中に入れずに表面施用。イネの生育が旺盛で、コナギはあまり見えない

私たちは土づくりのことを「育土」と呼んでいますが、土をつくる育土は、人ではなく植物が主役になり、土が育つことは土自体が持つ機能の一つと考えます。

土づくりとは 耕地生態系を育てること

ところで、自然農法で使う「土」という言葉は、物質である土壌以外にも、有機物や隙間にある空気や水、土壌動物や植物も一体とした関係性全体を含めて表現しています。自然農法における土は、いわば自然の象徴であり、科学的な用語では「耕地生態系」がもっとも近い意味になります。

生態系は、生物や生物の生育環境をセットにして表わす言葉です。耕地生態系は、耕耘・施肥・施薬する人や行為も要素に含み、システムが成立するための栽培と自然環境は切っても切れない関係にあります。自然農法の土づくりは、生産力を引き出すべく生態系全体を育てることなので、雑草が生えにくく、病虫害が起こりにくい、望ましい生物性を持った生態系にしたいという期待があります。

この生態系に働きかける感覚を表現すると、耕耘や肥料でやみくもに押したり足したりするということよりも、生態系の遷移を引き起こすように、作業をやめたり控えたりす

土壌物質ー土壌圏ー耕地生態系の概念

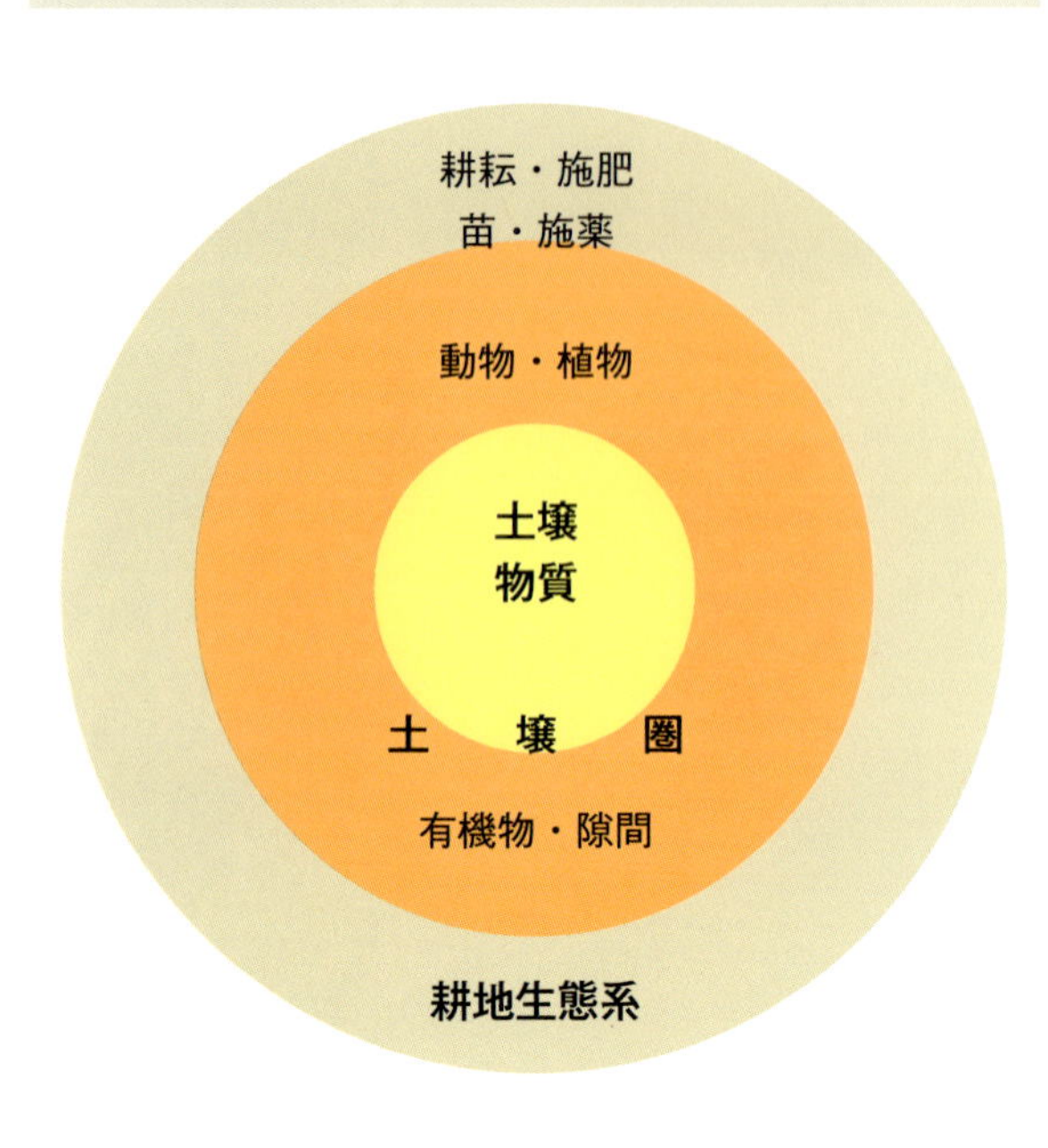

ることに気を使います。その配慮の一つが、不要な耕耘を控えることで、もう一つが、不要な施肥を控えることです。

耕し方で草は減る、増える

耕耘は耕し〝クサギル（耘）〟と書きます。中耕除草は文字通りの耕耘作業です。

通常の耕耘は、播種や移植による作付けを容易にしますが、同時にできあがりつつある土壌構造を壊し、以前の状態に生態系をリセットします。それが、耕地生態系の宿命と考えられていますが、そのリセットする時期によって結果はまったく違うのです。土は周期的に変化を繰り返しており、リセット時期を間違うと、繁殖が促される雑草があることがわかりました。

たとえば、春になって初めて耕耘してイナワラをすき込むと、田植え後に急激に分解を始めて土の中が還元状態になり、イネが弱る代わりにコナギがよく繁殖します。

したがってコナギを減らす耕し方としては、次のような方法が考えられます。

（1）収穫後の秋から耕起して、田植えまでに徹底的にワラの分解を進める。

（2）不耕起栽培にして、ワラを土の中に入れない。

（3）表層三㎝くらいの半不耕起にして、やはりワラを土の中に入れない。酸素いっぱいの表層なら、ワラがあっても、還元・有機酸でイネの根が傷むことはない。

当地、長野県松本市の場合は、イナワラが細かくなるように秋から冬にかけて深めにすき込み、代かきは、浅水でやや深くすき込む荒代、深水で表面を浅く軽く攪拌する植え代を行ないます。深い耕耘は田植えの半年前に、田植え前はできるだけ浅く表面をかき混ぜる程度にすると、地表面は細かく、その下のすき床までは粗めの土になって苗の活着がよくなります。さらに浅い代かきで埋土種子の持ち上げと雑草の生育が抑えられます。

〝クサギル〟ために耕して、わざわざ雑草を増やす耕耘は不自然です。田んぼでは、代かきも含めて、秋から春の耕耘時期を選び、有機物をすき込む深さや位置を決めて耕すことで除草の必要性を低下できます。

草が生えるのは養分（肥料）が多すぎるから

もう一つの、施肥を控えることは、作物が土から養分を引き出して、作物自身による土づくりを行なうためです。作物の生育不足を補うには、肥料として養分を足す前に、地力を高めて土の養分をできるだけ使うことを主眼とします。施肥をしても作物が使えずに残った養分は、能力の高い雑草の栄養となります。施肥が雑草の繁殖力を高めることがわかってきたからです。

たとえばヒエは、イネと似て肥料が多いと大きく育ちます。先ほど耕し方のところであげたコナギも、イナワラすき込みや有機施肥（とくに米ヌカ除草）でイネの根が傷み、イ

養分濃度と雑草発生のイメージ図

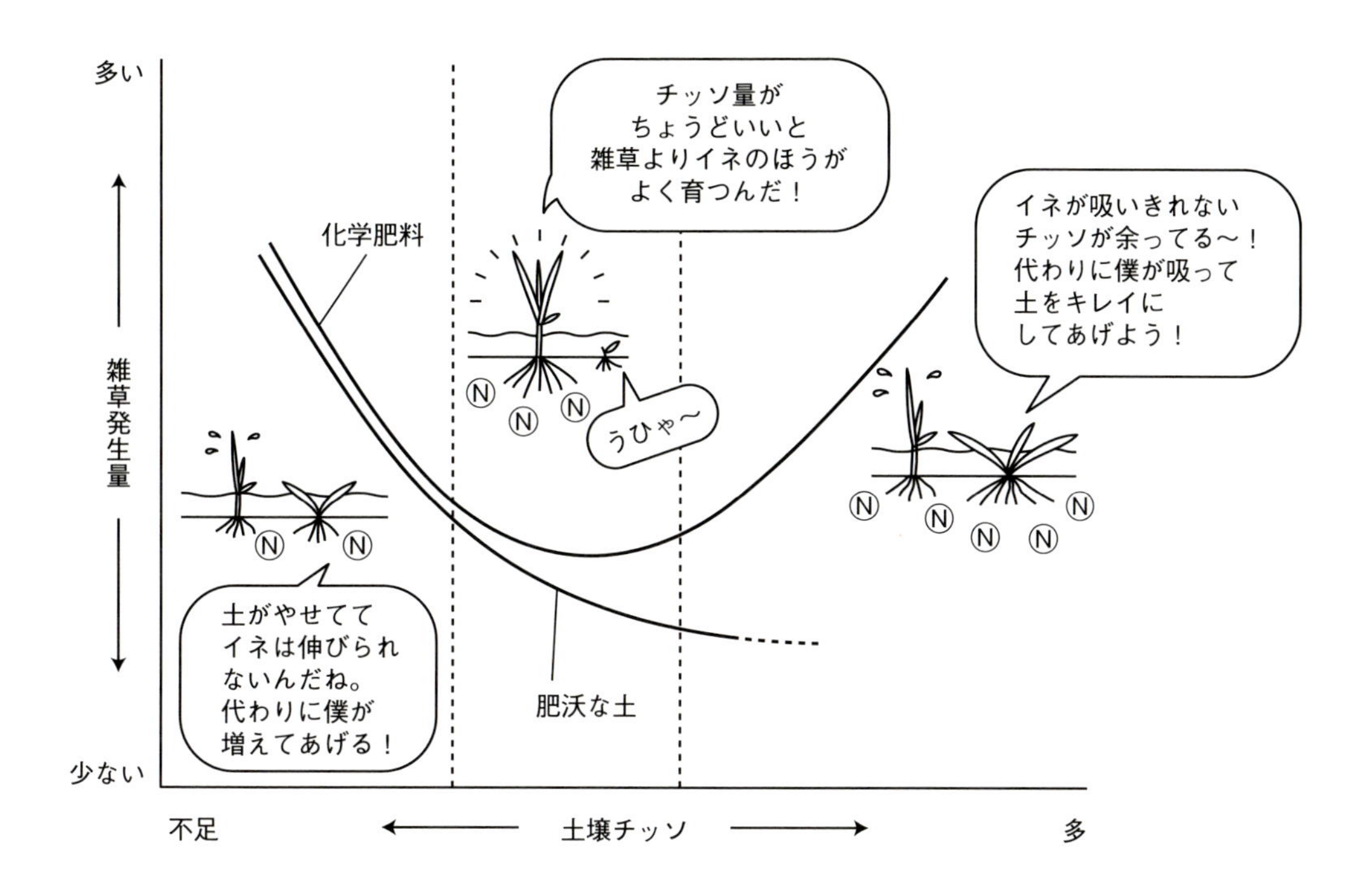

肥料と雑草の関係を知る実験

余った養分（肥料）が雑草の増減にかかわっていることは、こんな実験からもわかる。

①表面にバーミキュライトを散布

化成肥料を混ぜた土で、水に溶けたチッソが田んぼの土の中に浮遊している状態だと雑草が増える。しかしこの土の表面に、水溶性チッソを吸着する力があるバーミキュライト（粘土鉱物）をパラパラ散布すると草はまったく生えない。

②リン酸欠乏の有機水田で

リン酸欠乏の有機水田土壌にチッソ肥料を混ぜると、雑草の数や重量が増える。しかし、そこに過リン酸石灰を混ぜるとイネの生育が良好となって、雑草の数も重量も減少することがある。

ネが吸いきれないで養分が余ると、肥料をやったのと同じような状態になってしまう。いわばコナギは、余分な養分を吸って田んぼを綺麗にしようと「ヤル気」を出してしまうのです。

雑草が生えにくい田んぼにするには、この雑草のヤル気が出ないようにすることが肝心です。それには、施肥とは別の仕組みによって、土の養分供給力が高い系（システム）をつくることが必要なのです。有機施肥であっても、急激な還元化でイネが傷むようではダメで、有機物の分解を作物生産に望ましい状態に維持することです。これが土づくりであり、雑草が生えにくい田んぼを作る育土となります。

イネは育ち、草は生えない「肥沃な土」

このような理想的な土は、通常、毎年の適正な耕耘・代かきと組み合わせての、長い年月の努力の結果、できあがります。

土の構造や有効腐植の蓄積に加え、生物の安定的なチッソ固定能（空中チッソの固定のほか、無機チッソを吸収・抱えてくれる能力も）などを備えた土。肥料がなくてもイネを育てられ、肥料利用効率の高い土です。ここでは、肥料で雑草を大きく育ててしまうという問題は起こりません。つまり「肥料」ではなく「肥沃な土」そのものです。

この肥沃な土のモデルが、以前の『現代農業』の記事（二〇〇七年十月号）で紹介した土ボカシです。

簡単にいうと、土と有機質を半々に混ぜて発酵させたもの。土の入らないボカシに比べると速やかに養分を放出するし、生の有機質に比べると早めに肥効が切れます。土の生きものには穏やかに働き、雑草の勢いが衰えて、その代わりイネの生育は良好になります。

土ボカシにするねらいは、生の有機物はなるべく分解して微生物の身体に取り込んでもらい、溶け出た養分は土に十分に吸着してもらうことです。さらに、入水後の土壌中での急激な分解や有機酸の蓄積を避け、水田の多くの微生物が穏やかな働きをすることで、栄養は豊富、かつイネにストレスを与えない土の状態をつくることです。

草で田んぼの土の様子がわかる

水田では、コナギやヒエといった主に二〇種類程度がこの環境に適した雑草であり、自然に選択されて繁茂し、イネと競合します。イネも含めたこれらの雑草も土づくり機能の担い手であり、生えている草が田んぼの土の様子を知らせてくれていると私は考えています。

たとえば、水田の土が硬く、水もちが悪いとヒエやホタルイ、マツバイが増えます。土が軟らかく水もちがよくなると、コナギ、オモダカが増加して、土が軟らかすぎて水ハケが悪くなるとクログワイが増える、といった具合です。

イネに適する状態は、コナギとヒエが増加する中間くらいの土の軟らかさ、水ハケです。人間にとっては、自然が土づくり機能の担い手として雑草を選んでは困るので、イネに適した状態になるよう土づくりや栽培方法を改善するわけです。

雑草は人間の生活にとって、多くは望まれない不調和な働きをします。しかし、これは自然界における調整、調和の働きとしてみることもできます。水田に生える雑草は、自然界から選ばれた特殊能力を持ち、養分の固定や、地力の保護、水分の保持を行なう土づくりを助けています。不調和の中に見る自然調和の働きを尊重し、不調和の起きない農法を追求していく自然農法で、有機農業を安定化する技術を完成させることができると考えます。

現代農業二〇一〇年八月号
雑草が生えにくい田んぼの話

Part3
草を活かしたら…

行列のできるブドウは、雑草とミミズのおかげ（90p）

重粘土畑の草は宝物だった

山形県川西町・阪本美苗

重粘土のやせ地
土は締まり作物が育たない

まったくの素人が百姓になって一五年になります。はじめの二年間は、普通に耕して有機栽培をしていましたが、奈良の川口由一さんが提唱する「自然農」に出会って、「これだ！」と転換しました。

山は誰も耕さず、肥料もやらないのに、落ち葉が積もり、土はふかふかになり、木々が立派に育っています。それと同じように田畑も耕さず、草は刈ってそこに敷くだけで、作物は育つというのです。

ところが、勢い込んで自然農に切り替えたものの、はじめは失敗の連続でした。私が農業をするこの辺り一帯は、重粘土のやせ土です。自然農一年目、耕さないため土は硬く締まり、草もまばらで作物はあまり育ちませんでした。

米ヌカをふって草をふやしたら
作物も育ち始めた

四年ほど試行錯誤し、一番大切なことにようやく気付きました。自然農ではなにより草が重要だということです。草がたくさん生えれば、その草の根は硬い土でも地中深くまで張りめぐります。毎年耕さなければ草の根穴が残り、微生物の格好の住み処となります。微生物がふえれば、ミミズもふえ、土はだんだん軟らかくなっていく……。

それまでは自然農の原則のひとつ「持ち込まず持ち出さない」に縛られ過ぎていたのだと思います。草の大切さに気付いてからは、田畑一面にどんどん草が生えるよう、作物ではなくまず草に米ヌカや油粕をやりました。端から見るとかなり変な人です。しかしそのおかげで、私の田畑にも草がふさふさと生えるようになりました。そして草がふえるにつれて、作物も育つようになっていきました。

草の変化に合わせて野菜をつくる

とくに畑は、耕さなければ年を経るごとにどんどん土の状態と植生が変化していきます。草を観察するうちに、草に合わせて作付けを変えるとつくりやすいことがわかりました。

自然農11年目（平成19年）の春の畑。
いろいろな種類の草が生えるようになった

（1）まずカヤが生い茂っているような所では、カヤを鎮め野菜を育てられる畑へ変えるため、年に三回以上カヤを刈りながらダイズを播きます。この時どんな大株のカヤでも掘

り起こさず地道に刈り続けると、カヤは消え、大きな根もやがてすてきな土に変わってくれます。

↓

（2）次の段階として、スギナやヒメジオン、ヨモギなどが生えてきますが、ここでもまだダイズやアズキなどが適していると思います。

↓

（3）次にエノコログサやヒエなどが生えてきたら、ジャガイモやカボチャ、葉ものやダイコンなどを作付けます。

↓

（4）そしてツユクサ、アカザ、ギシギシなどが生えてきたら、果菜類を植えます。

↓

（5）最終段階として、ハコベが生えるようになれば、ハクサイ、キャベツなどの結球野菜もつくれるようになります。

同じ種類の草でも、現われ始めたころは小さく葉の色も薄く、それがだんだん大きくて立派になり、密度も上がってきます。ひとつの段階の中でも土が肥えてきているのがわかります。ただしこれらの指標雑草は、あくまでうちの畑での目安です。気候や土質によって違うと思いますので、みなさん研究なさってください。

下草を刈ったとたんにトマトが裂果

ところで私は、雨よけせずに露地でミニトマトと中玉トマトをつくっていますが、去年の夏おもしろい経験をしました。

これらのトマトは、下のほうの腋芽を少し摘んだだけで後はできるだけ枝を伸ばし、放

畑の雑草を増やすために米ヌカをまく筆者。米ヌカの量は草の顔色を見ながら調節する。畑によっては10aに２ｔ近くも入れたことがある。最近では米ヌカはほとんど入れなくても草が茂るようになった

自然農11年目の畑で育てたキュウリ。草の中で野菜を育てると、病害虫もなく元気に育つので管理がラクになった

指標雑草と作付けの目安

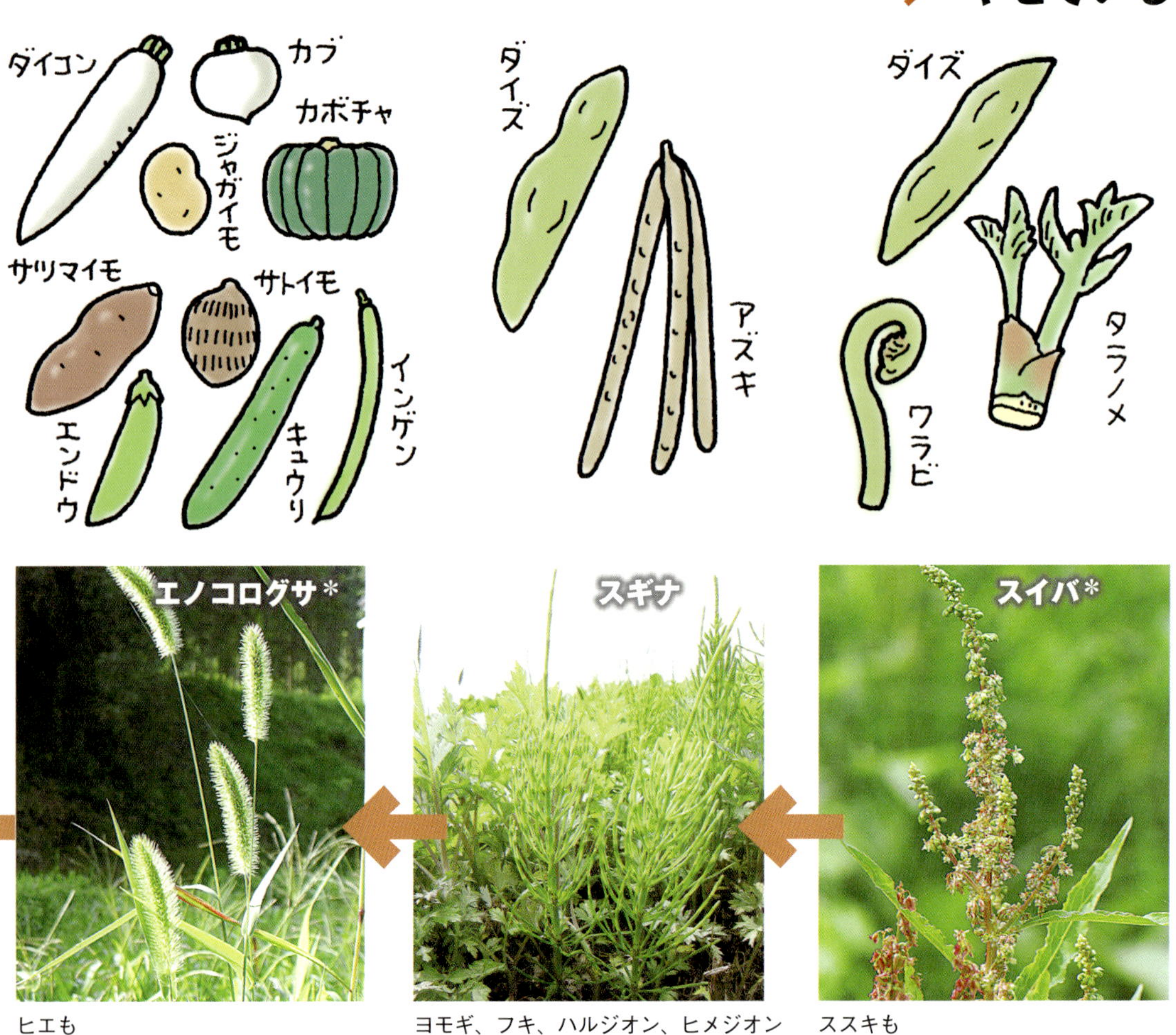

ヒエも

ヨモギ、フキ、ハルジオン、ヒメジオンなども

ススキも

コケやマツの生えているところにはクリが適し、何も生えないところは作付けに適さない

任栽培をしています（私は「ジャングル仕立て」と呼んでいます）。こうすると非常に割れが少ないのです。去年は長雨でしたが、これでほとんど割れなかったので喜んでいました。しかしある日、下草が多くちょっとトマトが取りにくかったので、きれいに草を刈ったら、翌日いっぺんにトマトが割れてしまいました。これにはビックリ。たくさんの草が、雨を吸ってくれていたのです。

田植え寸前まで草を生やす

田んぼでも畑同様まったく耕しません。田植えぎりぎりまでたくさん草を生やしておき、草を刈り倒してから水を張り、そこに苗を植えています。ずっと手で植えていましたが、三年前からは土が軟らかくなり機械でも八割方植わるようになりました。

刈った草が地表を覆って腐るので、初期の雑草の発芽を抑制してくれます。シーズン中一回の手取り除草ですみ、有機の田んぼよりずっと

わが家の畑の

肥沃

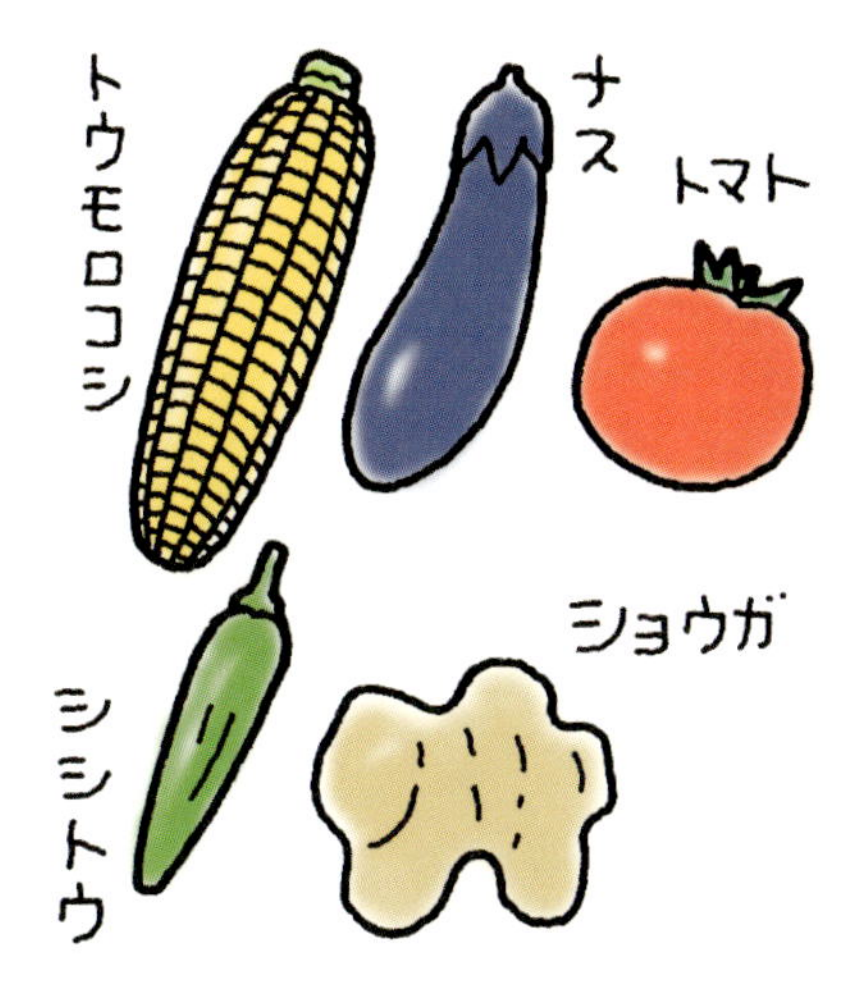

（田中康弘撮影）

スベリヒユ、アカザ、ヒルガオ、ギシギシなども

＊はHaira’s Photo Gallery提供

不耕起自然農の田んぼ。田植え寸前に刈り倒した草が新たに生えてくる草を抑えてくれるので、シーズン中1回の除草で十分

草とのつきあいがラクになりました。

草は活かせば宝物。これからも仲良く楽しくおつきあいしていきたいです。

現代農業二〇一〇年八月号
重粘土畑の草は宝物だった

雑草のおかげで無農薬野菜二・六ha

青森県横浜町・鈴木 譲

雑草は農業の大敵!?

農作物を育てるには、雑草は大敵である。雑草を生やすと肥料分をとられ、作物の生育に影響を及ぼし、生育不良を招く。また雑草は、病害虫の宝庫でもあり、生やすと病気が発生しやすく害虫も集まってくると考えていた。

筆者（一番左）と両親

昭和六十年に全圃場を有機無農薬栽培に切り替えてからは、除草作業に追われ他の作業まで手が回らない状態が続き、減収と作付け規模の縮小は避けられないと思っていた。

雑草の中にたくさんの天敵！

ある日、除草が追いつかずに収穫を諦めた畑の後始末に行って驚いた。雑草が覆いかぶさる中、小ぶりながらも収穫できるものがあるではないか。しかも病気も害虫もついていない。とはいえ、よく見ると害虫がまったくいないわけではなく、雑草の中にたくさんの種類の天敵がいて、食物連鎖の生態系ができていた。

雑草を生やさない畑では害虫ばかりが目立ち、天敵がなかなか集まってくれないのに、どうして雑草の中にはたくさんいるのだろうか……。どうやら雑草を駆除することで天敵の住み処、隠れ処を奪っていたようだ。

筆者のキャベツ畑。株元はポリマルチをして、通路だけに生やした草（主にイヌビエ）。生育中、キャベツよりも草が優勢になる頃に一度草を刈り倒した

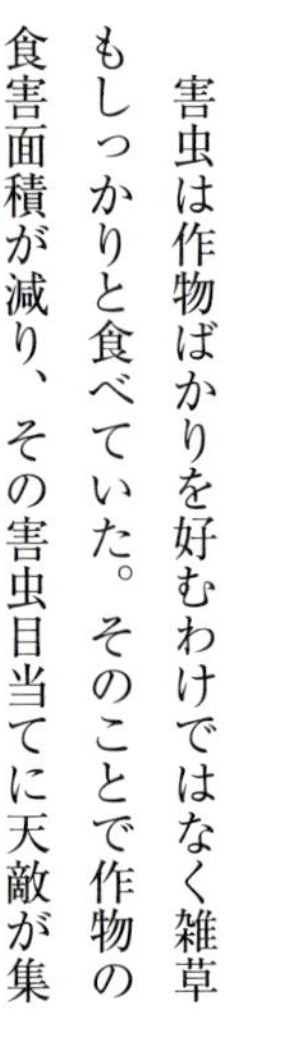

害虫は作物ばかりを好むわけではなく雑草もしっかりと食べていた。そのことで作物の食害面積が減り、その害虫目当てに天敵が集まり、雑草に棲みついていたのだ。

雑草間作・混作で連作障害が出にくくなる

では病気はどうだろう。たとえば連作障害は、単一作物を連続して作付けすると土壌菌のバランスが崩れて生じるといわれている。対策として輪作・間作・混作があるが、雑草を作物と共存させることで、間作・混作と同じ効果が得られ連作可能となる。

私はどうやら雑草の悪い所ばかりを見て、

いい所は見向きもしなかったのだと気づいた。土を利用する限り雑草とはつき合わなければならない。ならば逆に雑草を利用し、うまく管理すればいいと思ったら気持ちがラクになった。除草作業が大幅に減り、その余力で作付け面積を増やすこともできた（現在畑二六〇a、水田二〇a）。まさに雑草様々である。

草マルチ効果で肥料は三〜五割減

雑草を利用すると、害虫被害と連作障害の軽減のほかにもいいことがある。それはマルチ効果だ。地表面に直接日光が当たらないため地温が上がりにくく、また下がりにくいので地温の寒暖差は小さい。朝露を受け止め確実に土に戻すので乾燥にも強い。

ホウレンソウとハコベは相性がいい。ヨトウムシはハコベの新芽を食べたがるのでホウレンソウの被害が減る

雑草を生やすため、多めの養分供給をしなければならないと思うかもしれないが、そうでもない。有機物でも化学肥料でも作物に吸われるのはほんの一部で、あとは気化したり流亡してしまう。その部分を雑草に蓄えてもらうのである。

作物残渣と雑草残渣を土に戻すことで養分になる。このサイクルができ上がると、養分の投入量は意外と少なくてすむ。有機肥料は三〜五割減、一〜二t入れていた堆肥に関してはほとんど入れなくてよくなった。

初期の草は「発芽耕起」で減らす

雑草を生やすといっても、放任するわけではない。作物によっては作業的に好ましくないものもある。そういう時はポリマルチを使って株元の雑草を抑え、その代わりに通路に雑草を生やすといい。

作物の生育初期だけはどうしても生育の邪魔になるので、なるべく一回ですむようタイミングを見計らって、カルチや手で除草している。

初期の雑草を抑えるには、「雑草の発芽耕起」をする。播種や定植の一カ月くらい前には軽く耕起し一度雑草を発芽させ、草丈が一〜二cmのうちに再度耕してから作物の播種をすると雑草の発芽が遅れて数も少なくなる。

この発芽耕起は、播種までに二回できればより効果的だ。

作物より大きくなったら刈り敷く

また、作物より雑草が優勢になってしまうと、病気が出やすくなるのも事実。そこで、雑草が作物より優勢になるころを見計らい刈り倒す。刈られた雑草は新芽を出すが、刈り草が邪魔をして新しく伸びてくる雑草の生育が遅れる。新芽を好む害虫は、作物から離れて刈り草の中に潜り込み、雑草の新芽を食べるので、被害は分散し軽減する。

また刈り倒した雑草が分解し始めるとミミズが寄ってくる。そうなると「しめたり」だ。ミミズが食べているのは有機物の腐植だけではなく、小動物や微生物。作物の根の周りにミミズが棲みつくと、病原菌も一緒に食べてくれるようで、根からの病気は出にくくなる。

生えて悪い草は作物に絡まるつる性のもの。つる性の草以外ならなんでも生やしていいと考えている。畑に生える雑草の種類が多ければ多いほど、その畑に適応する作物の種類も多くなる。雑草は土づくりの目安にもなるのである。

現代農業二〇一〇年八月号
無農薬野菜二・六町は雑草のおかげ

草の個性を生かした付き合い方がある

長野県安曇野市・竹内孝功

一様に退治するのはもったいない

農地でもっとも自然なものは、雑草と呼ばれる草たちです。一般的に作物の養分や光を奪うと忌み嫌われる存在ですが、不思議なことにその農地に合った草だけが生えてきます。

ハコベやオオイヌノフグリ、ヒメオドリコソウなどが生える畑は肥沃で中性に近く作物が育てやすい、スギナやスイバなどが生えている農地は酸性が強くやせている、などです。

では「いい指標」となっている草を移植したらどうなるだろうかと、やせた山土にバラを植える際、一部にハコベを混植したことがあります。結果、ハコベを混植したバラは咲きましたが、そうしなかったバラは咲かないばかりか、雨が降るごとに土が流れてしまう有り様でした。

草は指標になるだけでなく、土の保全など役立つ点もあることを実感し、以後は一様に

筆者。学生時代より自然農と自然農法を学ぶ。持続可能な楽しい自給菜園をテーマに、約5反の田畑をつくりながら自給菜園教室を開催

セットで生えてくる草を活かす

ある作物を育てていると、特定の草がセットのように生えてくることがありますが、それらを栽培に利用しようと試みています。たとえば――

キャベツにアカザを刈り敷くと生育がよくなる

ネギやトウモロコシの下のスベリヒユは乾燥防止

退治するのはもったいないと、草の活用を試行錯誤してきました。

草の力

草の勢いが強い農地は元気だと思います。そして農地に合わせて進化してきた草たちには、作物とは違う何か野生の力があるようです。その力で作物が育ったらいいなぁと思います。

作物に科や品種ごとの個性があるように、草にも個性があります。草を雑草と呼び一掃せず、それぞれを役立てながら、これからも自然に合った農業を目指していきたいと思っています。

（ブログ「エコ菜園のコツ」
http://blog.goo.ne.jp/taotao39）
現代農業二〇一〇年八月号
私なりの草との付き合い方

マメ科の草にはマメ科作物

クローバ、ウマゴヤシ、カラスノエンドウなどのマメ科は、弱酸性のやせた農地に生えやすく、根粒菌がチッソを固定して土を豊かにしてくれる。しかしその力は弱く、農地を改善するには時間がかかるので、私は根を残して刈って堆肥や草マルチとして還元している。マメ科の草が生える農地では、同じマメ科作物のダイズ、エダマメ、マメ科緑肥の生育がとてもいい。

ソラマメ。マメ科の草と相性がいい

地べたを這う冬草はそのままに

ハコベとハクサイ

草は季節によっても使い分けます。

冬の草のうち、地べたを這うように生える背の低い草がある（ナデシコ科のハコベやミミナグサなど、オオバコ科のオオイヌノフグリ、シソ科のホトケノザやヒメオドリコソウなど）。これらは播種や苗を定植する辺りに生えてきたものは除草するが、それ以外はそのままにしている。細かい根をしっかり張りめぐらせるので、霜や乾燥による害や、土の流出を防いでくれる。雨による土の跳ね返りを防ぎ、葉ものなどの地際に土も入らない。春になっても背丈が高くならず夏前には枯れて、夏草を適度に抑えてくれる。ただし地温が上がらないときや、風通しがあまりよくない時は少し刈ってあげたほうがよさそう。

シソ科・キク科の草は病害虫除け

ヒメオドリコソウとハコベ

草には数えきれないほどの多彩な種類が存在する。それらすべての名前を覚えるのは大変なので、私は草の科や形状、季節を参考に大まかに分類し、その草との付き合い方を工夫。

ノボロギク、ハハコグサ、オニノゲシ、ハキダメギクなどのキク科や、ヒメオドリコソウ、ホトケノザなどのシソ科は、農閑期は放任し、栽培期間中は刈って草マルチとして活用。これらを残していた農地で病虫害が少なかったことがきっかけだが、よく考えるとコンパニオンプランツとして有用なハーブの多くはシソ科、除虫菊やセンチュウよけのマリーゴールドはキク科。

イネ科中心の夏草は刈り敷く

イネ科夏草の地上部を刈り敷く

イネ科のエノコログサ、メヒシバなどに代表される夏草は刈り敷く。

梅雨の間は地表５～10㎝を残して甘く刈り、草をわざと再生させ、その都度敷き草として数回確保。梅雨の終わりにはしっかりと刈って草を落ち着かせている。根の浅いキュウリにはとくに有効だが、エダマメやネギでは草負けしやすい。

どんな草も根を残して刈り、作物の株下に敷いていく「草マルチ」が基本。根は土の中の生きもののエサになり地中から土壌を改良することができる。ただし、ヨモギやセイタカアワダチソウなど、根でも増える草は抜いている。

草の根は土中から
土壌改良してくれる

無肥料・無農薬リンゴ園の土は草がつくった

青森県弘前市・木村秋則さん（編集部）

木村さん。自然栽培にしてからはじめて実をつけた樹の下で（すべて倉持正実撮影）

自然栽培実践農家にとって、ある種カリスマ的な存在である木村秋則さん。無肥料・無農薬でなぜリンゴがとれるのか、実際に畑を見せてもらいながら話を聞いた。

ドングリの樹が示してくれたもの

木村さんのリンゴ園の入口には、綺麗なアジサイの垣根がある。でもこのアジサイ、じつは花を楽しむために植えたものではない。無肥料・無農薬の自然栽培を始めてからの数年間、葉も花もつかなかったリンゴ園の人目を憚り、奥さんが目隠しのために植えたものだ。リンゴ農家なのにまったくリンゴがとれない。周囲からは「きちがい」「カマドケシ（破産者）」など、さんざんに罵られる日々だった。

転機が訪れたのは、経済的にも追いつめられ、ついに死を考えて岩木山中をさまよったとき。力強く葉を茂らせるドングリの樹に出会ったことだった。

山の中だから、当然無肥料・無農薬。なのに葉は青々と茂っているし、虫にかじられた跡もない。病気や害虫にやられてすべての葉が落ち、幹を押せばグラグラと揺れてしまう木村さんのリンゴとは大違いだった。

「この環境を畑に再現すればいける」。雷に打たれたように、そう感じたという。

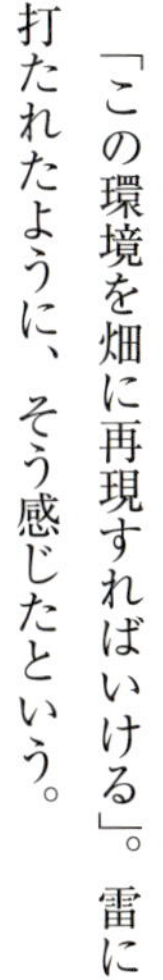

草は養分をとるものでなく土をつくってくれるもの

無肥料・無農薬という点では、それまでの畑も山と同じ。最大の違いは、樹の下草だった。当時木村さんは、リンゴの下草をひと月に二回くらい丁寧に刈っていた。ただでさえ

一時は畑全面を覆ったミズソバ（ミゾソバ）。今は日陰になる樹の下にだけ多く生える

少ない養分を、「草にとられる」と思っていたからだ。

しかし山では、もちろん下草など誰も刈らない。それでも樹は力強く育つ。考えてみれば、道路工事で裸になった土地でも、まずカヤなどイネ科の草が茂ってpHを調整し、次第にクローバなど広葉の草が育つようになってだんだん肥沃になっていく。

「草が土をつくってくれる」。そう気づいた木村さん、まずチッソ固定してくれるダイズを畑にばら播き、下草刈りもぱったりやめてしまった。

さすがに七月半ばころになると草がボウボウに茂ってリンゴの下枝を隠してしまうほどになるが、それでも刈らない。代わりに二〇kmにもわたる県道脇の刈り草を集めてきて、畑のボウボウの草の上に敷きつめて倒してやる。

そんな管理に変えて以来、リンゴに少しずつ葉っぱが戻り、三年目には二つだけだが実がついて、四年目には一面に花が咲くようになった。

草の種類が変わって足りない養分が補われる？

最初はエンバク・ヨモギ・オオバコ・ハコべなど、やせた土にも生えられる草が多かったが、次第に種類が変わってきた。だんだん増えたのはミズソバ（ミゾソバ）。本来は湿気の多いところに生える草のはずだが、なぜか一時は畑一面を覆うほどに増えた。

硬そうな土も、指でちょっと押すとポロポロと崩れるほど隙間が多い。隙間があるためか、木村さんの畑では大雨が降っても水がスーッと浸み込み、流れ出ることがないらしい

しかしミズソバもそのうち樹の下など日陰だけになり、代わりにギシギシやオーチャードグラスなど、道路脇から持ちこんだ草が増えだした。

今増えつつあるのは、丈の低いイネ科の草。名前がわからないのだが、三〇cmくらいまでしか伸びないので作業の邪魔にもならず、見栄えも悪くないので気に入っている。

それぞれがどういう役割を持っているのか、ハッキリしたことはわからない。でも木村さんは「土に足りない養分などを補うために、草の種類が変わってくるんじゃないか」と思っている。

野生なみの微生物がチッソ供給

草を生やし始めてから五年後、木村さんは、ダイズの播種もやめた。チッソが多くなりすぎたのか、背丈ほども伸びるわりにサヤが付かず、根粒菌も一〜二個しか付かなくなったためだ。道路の刈り草を入れるのもやめ、いよいよ畑に生える草だけに土づくりを任せることにした。

それでもリンゴの収量は、年々伸びている。畑の調査を行なっている弘前大学の杉山修一先生によると、木村さんの畑は、リン酸はやや低いものの、チッソは肥料を入れてい

る畑よりむしろ多い。理由は微生物の多さと考えられている。木村さんの畑の土には、「ほとんど野生状態」というほどたくさんの微生物がいるらしい。これらが土に還ることで、体内に含まれるチッソが次々に供給されるのではないか。

雑草が耕した土に どこまでもリンゴの根が伸びる

またゴルフ場のように硬かった土も、草を伸ばしてからだんだんとやわらかくなってきた。掘るとどこまでもフワフワ、というわけではないが、一見硬そうな部分も、指で押すとすぐポロポロッと崩れるほど隙間が多い。よく見ると、雑草の細かい根が土に入り込んでいる。こうして草の根が、土を耕しているようだ。

　だからリンゴの根も、どこまでも伸びる。あまりに根張りがよすぎて、一本の樹を抜根しようとしたものの、バックホーでも歯が立たずに諦めたこともあった。それほどの根張りが、広く養分を集めて木村さんのリンゴを支えているらしい。

　ただし根張り優先だけに、新しい苗木を植えた場合、どうしても成木になるまでの時間が長くかかるという。小さな樹でも、そこだけ肥料をやれば実を稔らせることができる。でも肥料をやらない木村さんの畑では、リンゴはまず根をしっかり張らなければ実をつけられないからだ。

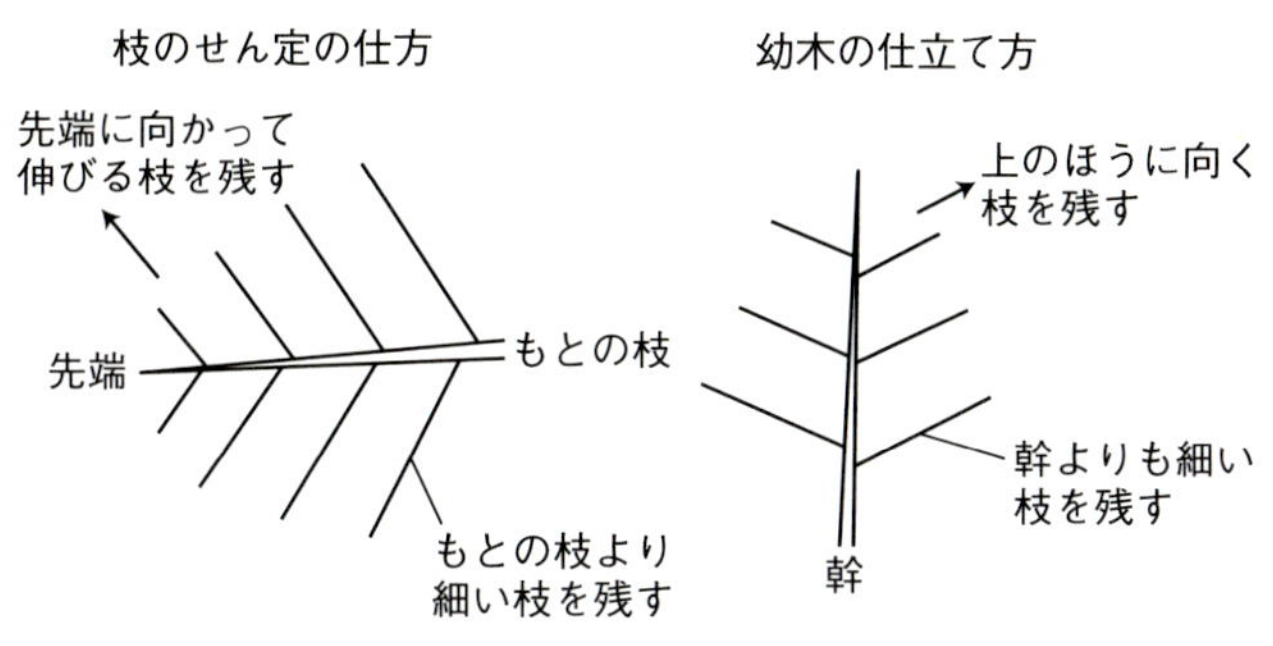

九月には草を刈り倒し リンゴに秋が来たことを伝える

　農薬も肥料も使わず、草も伸ばすことで、木村さんの畑は、まさに大きな樹が育つ山のようになった。ただしすべて放任というわけではない。木村さんは、九月に入ったら必ず草を刈り倒す。いつまでも草を茂らせておくと、いつまでもリンゴが色づかないという。「リンゴは、自分が山の樹だと勘違いして、リンゴだと思ってないんじゃないか」。草を刈ることで、リンゴに秋が来たことを伝えてやるのだ。

　また「葉脈の形を手本にしたせん定」で光効率をよくしつつ、養分の流れも滞りなくしてやるほか、摘果も強めにする。「普通の人が五個実をつけるとしたら、私は二〜三個」。肥料をやらない分、リンゴの肩の荷を軽くしてやろうと思っているからだ。

　ただ最近はますます土ができてきたためか、リンゴ一個一個が大きくなりすぎるくらいになってきた。今はもう少しならせていいかもと思っている。

　かつてさんざんにけなされた木村さんの畑。でも今はこっそり見に来る人がいるのか、畑に来ると足跡がいっぱい残っていることもしばしばある。消費者の安全志向の高まりや肥料代高騰という時代背景もあり、研究機関からも「認めざるを得ない状況になってきた。協力を願いたい」なんて言われたそうだ。

現代農業二〇〇八年十月号
無肥料・無農薬リンゴ園の土は、草がつくった

葉脈の形を手本にしたせん定の仕方

枝のせん定の仕方
先端に向かって伸びる枝を残す
先端
もとの枝
もとの枝より細い枝を残す

幼木の仕立て方
上のほうに向く枝を残す
幹よりも細い枝を残す
幹

行列ができるブドウは、雑草とミミズのおかげ

山形県寒河江市・工藤隆弘さん（取材・赤松富仁）

直売に長蛇の列！全量はけてしまう

工藤隆弘さんは、ブドウ一町三反、サクランボ二反の他、スモモ、カキ、イチョウなどをつくる果樹専業農家。メインのブドウは、ブドウ園で直売しているのですが、毎年八月十日頃から売り始めると、長蛇の列ができるほどの人気で、すべて直売ではけてしまうそうです。

ほとんど無肥料で、厳選三〇品種

何しろ工藤さん、ブドウにはうるさく、かつては二〇〇種類のブドウを栽培していた時期があったそう。その中から現在は三〇種類ほど、うまいもの、そしてチッソ飢餓でも栽培できる品種だけを残したといいます。

なんと工藤さんは、肥料らしきものは十数年ほとんどやっていません。オリンピアなどはもう三〇年もチッソをやっていないし、チッソ以外の肥料も一五年はやっていないといいます。他の品種でも五年に一度ぐらい、忘れた頃に緩効性肥料をちょっとやるだけ…。

土をいったん無心にする!? そのための多種多様な雑草草生

そんなことでブドウが成るのかしら？　と思って見上げると、葉の量は寂しい感じですが、その葉はほんとスゴイ！　分厚く、まるでゴムでできているような感触なのです。工藤さんはこういいます。

「いろんなものを土に投入していると、土は己を忘れてしまう。土に己の役割を思い出させるには、土をいったん無心にしてやること。それには草生、それも多種多様な草を生やすこと」

？？？　確かに工藤さんのブドウ園には、いろんな草がぼうぼうと、ひざの高さくらいまで旺盛にはびこっています。根っこを含む草の有機物供給量は、年間一ｔにもなるという話もあるようなので、これで十分育つということでしょうか。

工藤さんはこうもいいます。

「草はその根で大地を耕してくれるほか、

工藤さんのブドウ園で一番面積が多く、稼ぎ頭のオリンピア。つくりが難しい品種でも美味しいものならつくる。テクニックはなし、自然に逆らわず自然に習うしかない。ブドウ1町3反分すべて直売

オリンピアの園地（6月6日撮影）。チッソを30年入れていない。葉はまるでゴムでできているような感触。雑草はまったく刈らない

自らの根酸で土の中にもともとあるミネラルや肥料分を溶かし出して吸収して育つ。その枯れた草を微生物が食べ、それを今度はミミズが土と一緒に食べ、ミミズの腸管を通って排泄された土はコロコロと丸く団粒化していく。この循環があるおかげで、毎年すばらしい収穫物があるのです」

あちこちにミミズの糞塚、土はコロコロ

わかったようなわからないような…。でも畑をよく見ると、コロコロとした小さな土の粒がかたまったミミズの糞塚らしきものがあちこちにあります。そこをシャベルでひと掘りすると、すぐにミミズがいました！

ドジョウのように太くて長いミミズ、モスグリーン色のとぐろを巻いたミミズ、地表に出るとはね回る元気なミミズなど、いくつかの種類がいました。工藤さんいわく、昔、牛糞堆肥を作っていたときに、堆肥の中にいた、赤い釣りエサにしたミミズはいないとのこと。

掘り取った土のかたまりを見ると、うーむ。工藤さんのいうとおり、地表五cmほどまで、草とミミズによって土はボコボコと穴があき、コロコロと団粒化しているのです。

工藤さんの畑にはミミズが多く、あちこちにミミズの糞塚がある。表層の土は草とミミズのおかげか穴がいっぱいで、コロコロと団粒化している

オリンピアのたわわに実った棚。この時期（8月27日撮影）これだけ緑の葉をつけているオリンピアはめずらしい

無肥料で平均収量一・五t 草やミミズの力が大きい

さて、そんな工藤さんの収量ですが、なんと反当一・五tをあげています。しかも、いろんな品種が混ざっている状態でのこと。ネオマスカットだけなら反収二tにはなるし、リザマートは一・五tぐらい。スチューベンなんかは三t近くとれてる勘定になります。何も肥料を入れなくても！　です。

「草やミミズは先住民族。ブドウは後から入ってきた開拓者というか新参者。だから先住民族の草やミミズのいうことをよく聞いて身を慎んで生きなさい、とブドウにいってあるんですよ」と工藤さん。草と同じくミミズもまた、土を耕しながら畑じゅうの有機物とミネラルを集めて作物に供給してくれるらしいので、無肥料でもとれるのは、ミミズの力が大きいのかもしれません。

ちなみに、こんなにミミズを大事にしている工藤さん、ミミズを見たり持ったりするのはあまり好きではないんだそうです⁉

毎朝五時からブドウ園に出て作業をし、ブドウ棚の下で休憩に飲む酒が何ともいえないと、お茶ならぬ、おちゃけ（お酒）で赤くなった目を細めます。

＊＊＊＊＊

さて、八月末、再度、撮影にお邪魔しました。「ちゃんとブドウは成っているのだろうか」という私の余計な心配は、工藤さんのブドウ園に着くなり、吹き飛びました。

訪れるお客さんが絶えない。ここのブドウを食べたら、他のブドウは食べられないと毎年足を運ぶお客さんもいる

しぼむほど時間が経過してもカビが入ってこないリザマートの割れ玉

リザマート。反当３ｔは優に超える房数。割れやすいブドウだが、樹にパワーがあれば割れてもカビはこない

品評会一位のオリンピアよりもいい!?

写真を見れば一目瞭然。たわわに実ったオリンピアは、色も濃く、玉の肥大も申し分ありません。視察にきたオリンピア生産農家は、工藤さんのオリンピアの色づきのよさと房の大きさに驚きの声を発したといいます。品評会で一位を取ったオリンピアよりもいい、と脱帽状態だったようです。

一五年もののネオマスカットは、ちょっと付けすぎではないの？　と思われるほどの房数。反当にしたら三〜四ｔにはなるんじゃないかなと、工藤さんは涼しい顔。ほのかにジャコウジカの香りも出てきています。

樹にパワーがあるから裂果したリザマートにカビがこない

一番進化したブドウだというリザマートもすごい房数です。例年、反当三ｔはとっているそうです。リザマートはとても裂果しやすいブドウで、工藤さんのリザマートも裂果した粒がちらほら見受けられます。しかし、この裂果したブドウがとてもうまいのだと工藤さんはいいます。

しかも、樹にパワーがあれば、たとえ裂果してもそこにはカビがこないのだというのです。確かに、よく見ると、裂果した粒にカビがきている様子はありません。驚くことに、裂果してしぼんでしまった粒にもカビがきていないのです。カビは過剰に着果負担がかかっているところにくるものだと工藤さんはいいます。

品種を特定して買うお客さんも

おじゃました八月末、工藤さんのブドウを待ちきれず、訪れる人が絶えません。

「ナイアガラはあるかねー」、「ネオマスはまだかね」、「スチューベンはいつ頃来たらいいかね」と。一番おいしい時期にお目当てのブドウを買っていこうという人たちばかり。

園の入り口近くに、たわわに実ったスチューベンがあります。私が食べた限りでは十分おいしいのですが、工藤さんのブドウを毎年食べている人は口が肥えていると見えて、一粒食べて「まだだな」といって帰っていきます。ここのブドウを食べたら、他のサッカリンのような甘さのブドウは食べられない、といって毎年足を運ぶ人もあるのだそうです。工藤さんのブドウは、そうしたブドウとは一味違うようなのです。

また、なかには、いま何がおいしいかなあといって買い求めて帰る人も絶えません。工藤さんいわく、「ブドウほど人によって好み

の違うくだものはない」と。確かに、来る人来る人、ほとんどの人が品種を特定して買いに来るのです。逆にいうと、工藤さんのブドウ畑の品種ごとの面積を書き出せば、どういう嗜好の人がどれくらいの割合で来るかが、おのずとわかってしまうことにもなるといいます。

おいしさの秘密は 無チッソ・ミミズ・草

さて、工藤さんのすばらしくおいしいブドウを見れば見るほど、疑問の風船は膨らむばかりです。

先述したように、工藤さんはチッソ肥料をもう一〇年以上入れていません。それで本当においしいブドウがとれるのだろうか？　工藤さんいわく、一〇〇種類以上の草とミミズが土をつくり、雨水からのチッソの供給があれば年々土は肥沃になっていくから、それだけで十分だといいます。土自身には計り知れないパワーがあるんだともいいます。

工藤さんが無肥料で栽培するきっかけは、工藤さんがブドウ栽培を始めたころにさかのぼります。ある時、ブドウの研修で、土にはチッソがもともとあるんだといわれました。じゃあやってみようと、デラウエアの園で無肥料でやったのでした。しかし、結果は収穫皆無…。そのとき工藤さんは、たしかに一年は肥料をやらなかったけど、自分がブドウをつくる前に何年もすでに肥料がふられていたことが原因ではないかと考えました。そこで、ブドウ園に大量の水を入れて、過去の肥料分を流してみたところ、翌年は無肥料でもちゃんと成ってくれたのです。

それ以来、ブドウを育てるのは、つくられた肥料ではなく、土の中の微生物、微小動物、ミミズやモグラ、地上部を絶えることなく生える草などがつくり出すアミノ酸やらミネラルなのだと確信したのでした。

「ブドウの根っこは本来、どこまでも伸びて肥料を捕まえる能力がある。肥料を人がやらなければとれないというのは、人間の思い上がりでしかない。おいしいブドウをとり続けるにはミミズと一〇〇種類以上の草を生かすしかない」と言い切ります。

ネオマスカット。これだけつけてもびくともしない。ほのかにジャコウジカの香りがする。ナイアガラとともに女性にとても人気がある

工藤さんのスチューベン。年配者に根強い人気があるようだ。これも栽培面積が大きい部類

分厚く小ぶりな葉が貯蔵養分をため込む

工藤さんのブドウの葉は、まるでゴムでできているかのように分厚く、かつ小ぶりです。ブドウは貯蔵養分がすべてだという工藤さん。あり余る貯蔵養分がなければ、目の詰まった葉をつくることができないと言い切ります。

薄っぺらで大きな葉は、葉っぱの細胞が粗く、どんどん水分が蒸散してしまう。ひどいと実からも水分を持っていくなんてことにもなるのだといいます。消耗の激しい樹では、当年の果実に養分を送るのがせいいっぱいで貯蔵養分をため込むなんてこともおぼつかなくなる。その結果、翌年の収量にも品質にも影響が出ることになるといいます。

また、工藤さんはよく、ブナの木の実の話を例に出します。ブナの実は、太陽光線をふんだんに浴びる枝の先端にしか実はつかない。それと同じように、ブドウでも樹の最先端に実をつければ、絶品のブドウが成るといいます。八割のブドウを先端に成らせることで、行列のできるブドウを収穫できるのだとか…。

自分の土地の能力を知り、品種の特性を探りながら、登熟具合を観察し、成らせる分量と樹冠の大きさを決めていく。肥料でブドウをねじ伏せるのではなく、六感をとぎすまして、ブドウの声を聞く工藤さんのブドウづくりは、現代の農業が置き忘れた、悟りのブドウづくりといえそうです。（カラー口絵もご覧下さい）

現代農業二〇〇四年八月号
行列ができるブドウは、ミミズのおかげ!?
現代農業二〇〇四年十二月号
これがホンモノ!?
無肥料のブドウつくり
たわわに実っていた！

光線が十分に入っているせいなのか、貯蔵養分が十分蓄えられているせいなのか、葉柄が赤くなっている

葉柄のつけ根がこぶのように膨らんでいるのは貯蔵養分が十分たまっている証拠

葉脈はくっきり浮き上がり、波打つ葉。ロウを塗ったように光り、葉の縁は鋸の歯のように鋭い

三種類の緑肥で実践 農薬不使用の野菜つくり

静岡県伊東市・松下博隆

エンバクとヘアリーベッチをすき込んだ後に直播きした青皮栗カボチャと筆者。約4反の畑で30品目くらいの野菜をつくる

農薬不使用にこだわって

七年ほど前、脱サラして始めた農業です。自分たちが食べる野菜をつくるというのが大前提だったので、当然農薬を使わずにつくっていました。しかし野菜によっては発芽しなくなったり、途中で枯れてしまったり、育ちのよくない株が多くなるなど原因不明の症状が出てきました。

しばらくの間、原因不明のまま農薬不使用にこだわり、うまくできた野菜のみを地元JAの直売所に出荷していました。

「これでいいのか」という思いの中、有機JAS講習会で一緒になった方のご厚意で「有機稲作研究所」と出会い、緑肥による、農薬と化学肥料を使わない野菜づくりを知りました。以来、三種類の緑肥を年中使いながら、野菜づくりに取り組んでいます。

経営的にはまだ利益が出る状態ではありませんが、自分で育てた野菜を食べられること、そして農薬不使用の野菜を求めて来てくれるお客さんがいることが励みになっています。

エンバク

▼サニーレタスの立ち枯れがなくなった

緑肥を使い始めたきっかけは、サニーレタスの立ち枯れです。苗が五cmくらいになったときに九割ほどが萎れてしまいました。有機稲作研究所所長の米倉賢一さんの指導により、このとき初めてイネ科のエンバク（ヘイオーツ）を使いました。

サニーレタスなどキク科野菜を連作すると、センチュウが爆発的に発生することがあり、それが原因かもしれないとのことで、とにかく空いている畑にすべてエンバクをまきました。二〇一〇年十月のことです。以後、サニーレタスの立ち枯れはありません。もちろんエンバクは今でもまいています。

▼対センチュウ効果と土つくり効果

エンバクをまける時期は、八月下旬から翌

年五月くらいまでです。畑の都合によって早めに刈ったり残しておいたりします。草丈が三〇cmくらいのときはそのまま管理機ですき込みます。一mも伸びてしまったときは刈り払い機で三段くらいに刈り落としてから管理機ですき込みます。

暖かい時期は分解が早いので野菜の作付け前に一回すき込めばいいのですが、寒い時期は分解に時間がかかるので、作付け一カ月前にすき込んで、三~四回は管理機でかき混ぜます。

エンバクには肥料効果はありません。対センチュウ効果と堆肥を入れるような土つくり効果があります。根が深くまで張るので、何回かまいているうちに堆肥を入れたときと同じように土がフカフカしてきます。以前は牛糞堆肥を使っていましたが、堆肥材料であるオガクズに住宅廃材が使われており、保存薬剤が心配だったので、その代わりに使うという意味もあります。

ヘアリーベッチ

▼減肥に最適

エンバクの他に使っているのはマメ科のヘアリーベッチです。見た目はカラスノエンドウに似ています。根粒菌がたくさんつき、空中チッソを圃場へ取り込むので、減肥にはもってこいの緑肥だと思います。

たとえばサトイモ。ヘアリーベッチと組み合わせれば無肥料でもつくれることがわかりました。サトイモの収穫後、十一月にヘアリーベッチをまいて翌年四月にすき込んだ後、またサトイモを植えます。この組み合わせなら無肥料無農薬で良質のサトイモがとれます。子イモの頭がへっこむ原因不明の症状も出なくなりました。

昨年11月に播種したエンバクを今年４月にすき込み、サツマイモを作付けた。エンバクとサツマイモは相性がいい

エンバクすき込み後の地這いキュウリ畑。脇にある枯れた草がエンバク。すき込まなければ防風にも利用できる

昨年11月に播種したヘアリーベッチを今年４月にすき込み、サトイモを作付けた。他の肥料は一切なしで連作障害もなし

その他、ジャガイモや葉物野菜などもヘアリーベッチをすき込むだけでしっかり育ちます。ただ、カボチャ類は多少肥料を欲しがるので、通常の半分くらいは肥料を入れるようにしています。作物によって違いますが、肥料は五〇～一〇〇％減らせると思います。

ヘアリーベッチがまける時期は、九～十一月と、三～四月の五カ月間。エンバク同様に空いた畑があればまけるところにまいておき、野菜の作付けに合わせてすき込みます。

ヘアリーベッチにはセンチュウ抑制効果はないので、できるだけエンバクと混播するようにしています。どちらかの生育が勝って、どちらかが負けるようなことはないようです。

クロタラリア

▼センチュウ抑制も減肥もできる

もうひとつ使っているのは、やはりマメ科のクロタラリア（ネマキング）です。これは抜群のセンチュウ抑制効果があり、チッソ固定もするので肥料を半分に減らすことができます。

たとえば、夏場に空いた畑にクロタラリアをまいた後、秋にニンニクやラッキョウをつくると、通常一a当たり二〇kg使っている有機肥料（チッソ七・二、リン酸四・〇、カリ二・五）を一〇kgまで減らせます。場合によっては有機液肥を少し追肥することもありますが、基本五〇％減の肥料でもしっかりしたものがとれます。

クロタラリアは、まける時期が五～七月の三カ月しかないのが惜しいところですが、エンバクやヘアリーベッチと組み合わせると、緑肥はほぼ年間通してまけることになります。

緑肥の栽培で大切なことは、播種したときに管理機等で表面をかき混ぜるか、五cmくらい覆土することです。そうすると発芽率がよくなり、しっかり育ちます。

6月10日に播種して1カ月たったクロタラリア。10月頃にすき込んでタマネギを作付けする予定

▼雑草抑制効果もありがたい

今年作付けしている緑肥と作物の組み合わせは以下のとおりです。

エンバクの後作には、サツマイモ・ナス・ピーマン・ウリ類など。ヘアリーベッチの後作にはサトイモ・カボチャ類など。クロタラリアの後作にはニンニク・ラッキョウ・ワケギなどです。

この一年間で、減った肥料代と緑肥のタネ代は同じくらいなのですが、気が付くと牛糞堆肥の四万八〇〇〇円が減っていました。さらに、エンバク、ヘアリーベッチ、クロタラリアともに雑草抑制効果があります。まいてから野菜の作付け前まで放っておけるのもありがたいことです。

緑肥でフカフカになった圃場を歩くと、心地よい安心感とともに地力が向上してきたことを実感します。

現代農業二〇一二年十月号
一石何鳥にもなる
私の三種の緑肥栽培

自然農法の畑では、草生・敷草のおかげで天敵が一年中活躍！

（財）自然農法国際研究開発センター・中川原敏雄

野菜の作付時期にはすでにテントウムシがいる

草生を取り入れた自然農法の畑には、色々な昆虫や小動物が集まってくるが、中でも自然農法の協力者として目に見える活躍をしているのが、テントウムシとアマガエルだ。

春、麦の緑が鮮やかになってくると、草の新芽の汁を吸うアブラムシが動き始める。一般の畑はきれいに耕耘され裸地になっているが、草生の畑は緑肥のエン麦やアカクローバで覆われ、新緑に誘われるようにアブラムシが集まってくる。いっぽう、この時期には、草の根元や敷草の下で冬を越したナナホシテントウムシも活動を開始し、草生の畑は天敵のテントウムシにとっても格好のエサ場となり、野菜を作付ける頃には、すでにテントウムシがいたる所で活発に動き回っている。

ナナホシテントウはアブラムシのついている植物に卵を産みつける習性があり、ふ化した幼虫は成虫より食欲が旺盛で、ナミテントウは幼虫の時期に一匹で六〇〇匹近くのアブラムシを捕食するといわれている。キュウリやピーマンなどアブラムシがつきやすい野菜にはたくさんのテントウムシの幼虫がつき、アブラムシの被害は少ない。

草生には、アブラムシを集めてテントウムシを増やし、野菜をガードする働きがある。

テントウが減る時期、子ガエルが大活躍

梅雨に入ると陸に上がったアマガエルが、雨の夜には住処を求めて移動を始める。アマガエルは植物の上で暮らす樹上性のカエルに属し、アブラムシ、アリ、羽虫など小さな昆虫をエサにしている。住処となる草むらや、昆虫がたくさんいる草生の畑は、アマガエルにとって最適な生活場所のようだ。水田から遠く離れた自然農法の草生畑に、危険を冒しても毎年子ガエルの大群が集まってくる。

気温が高くなるとナナホシテントウは産卵をやめ、幼虫は減ってくるが、かわりに食欲旺盛な子ガエル達が野菜の葉の上で獲物（害虫など）を狙っている。梅雨が明け真夏に入ると、アブラムシは減りナナホシテントウも暑さを避けて草生の草の根元にもぐり込む（夏眠）。日陰をつくり土の乾燥を防ぐ草生の草むらや敷草は、アマガエルや他の虫にとっても厳しい夏を乗り切るための棲み良い環境だ。

土つくり虫も天敵のエサになる

畑には害虫などの植食性動物、天敵などの肉食性動物の他に、落葉や枯草を食べる腐食性動物が生活し、緑肥や作物残渣を細かくかみ砕き、糞を排泄して腐葉土に変え、土づくりに貢献している。これらの腐食性動物は種類や数が多く、天敵のエサが不足する時期は肉食性動物の貴重なエサにもなる。自然農法畑と慣行農法畑の土の中に棲むササラダニ、トビムシ、ヒメミミズなどの腐食性動物を比較すると、自然農法畑のほうが個体数が圧倒的に多い。

野菜だけつくれば害虫が増える。天敵だけ増やしてもエサや住処がなければ生きてゆけない。まず、色々な虫が集まり生活できる環境をつくることが大切ではないだろうか。

現代農業一九九八年六月号
自然農法の畑では、草生・敷草のおかげで、天敵が一年中活躍！

雑草草生畑ではミミズが優占し土壌チッソ量を増やしてくれる

茨城・浅野祐一さんの畑の調査から

茨城大学農学部・小松崎将一

浅野祐一さんの自然草生・不耕起の畑

耕さず、雑草を生やす

耕さず、雑草を生やし、ごく少量の有機質肥料の投入で作物を栽培する「自然草生・不耕起」による実践が広がりつつあります。

慣行栽培では、雑草は防除の対象とされてきましたが、自然草生・不耕起では雑草が土壌を肥沃にすることが注目されています。しかしなぜ、雑草草生が畑を肥沃にするのでしょうか。

そこで茨城県阿見町において自然草生・不耕起で野菜を栽培する浅野祐一さんの圃場で、雑草と土壌の関係について調査してみました。

一年生雑草が優占する畑

浅野さんは自作地や耕作放棄地を利用して、一九九八年から本格的に自然草生・不耕起栽培を開始。畑の雑草を、生育具合をみながら刈り倒し、その場所に応じた野菜を六五品目栽培しています。

浅野さんは、メヒシバやエノコログサなどの一年生雑草の生育は畑にとって都合がよいと考えています。このような雑草が優占する圃場では、雑草を刈り倒したり踏み倒したりしてカボチャやインゲンマメなどを栽培しています。また雑草との競合に弱いコマツナやカブなどの場合は、作付け前の数カ月間、透明ポリエチレンフィルムで被覆し、土壌表層の雑草種子を太陽熱により死滅させています。

夏草の供給チッソ量は、一〇a当たり最大一〇kg以上

これら一年生雑草の地上部バイオマス（生物量）をみてみると、夏季で一ha当たり八tの乾物重を確保しており、十分な有機物が供給されています（図1）。またこれらの雑草は、一ha当たり最大一〇〇kg以上のチッソを吸収し圃場に還元しています。この他にも、雑草はリンやカリ成分など植物の生育に必要な養分も十分保持していることが認められています。これらの養分は、すぐには後作物に利用されませんが、多年にわたって供給されることで、後作物にもその一部が利用可能に

図1　自然草生・不耕起圃場での雑草バイオマスと吸収チッソ量の推移

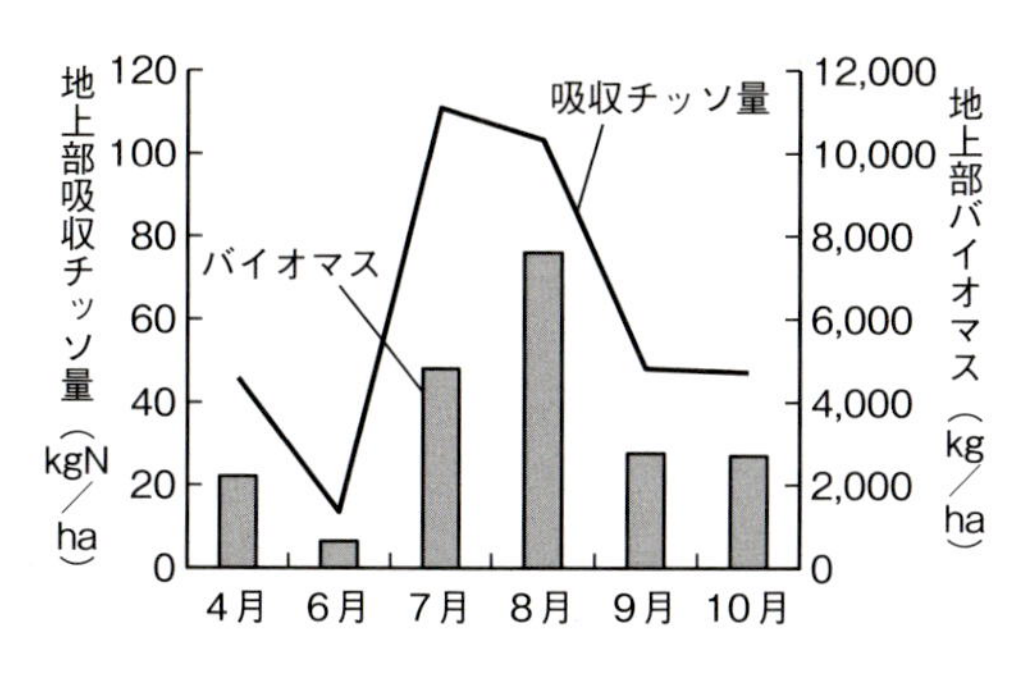

図2　自然草生・不耕起圃場での土壌炭素含有率の垂直分布

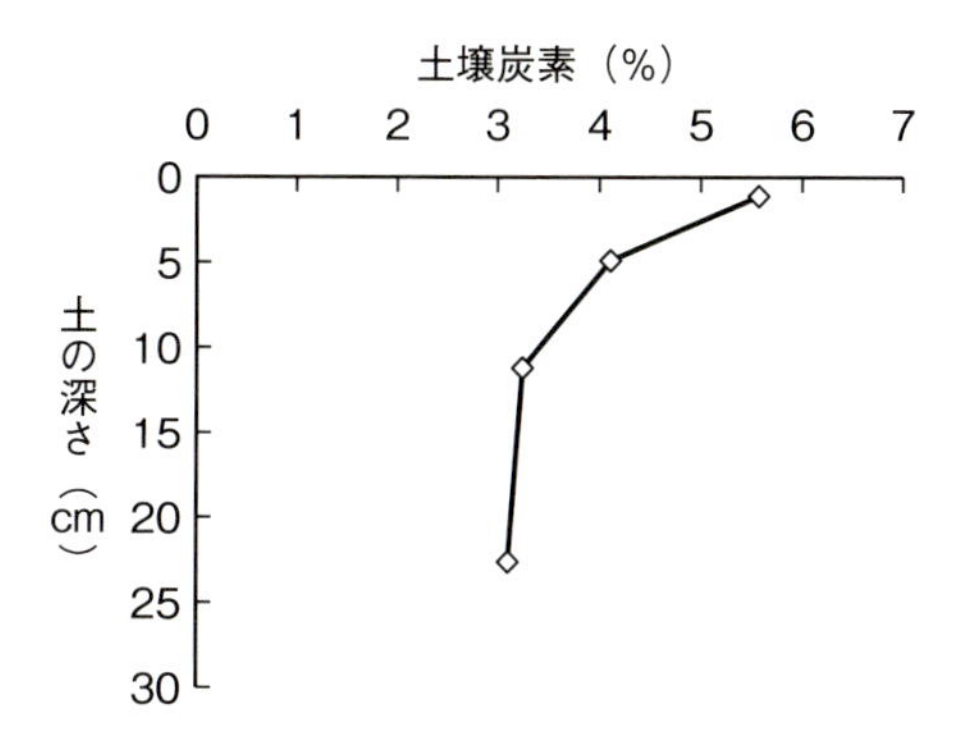

図3　自然草生・不耕起圃場での土壌炭素率と土壌無機態チッソとの関係

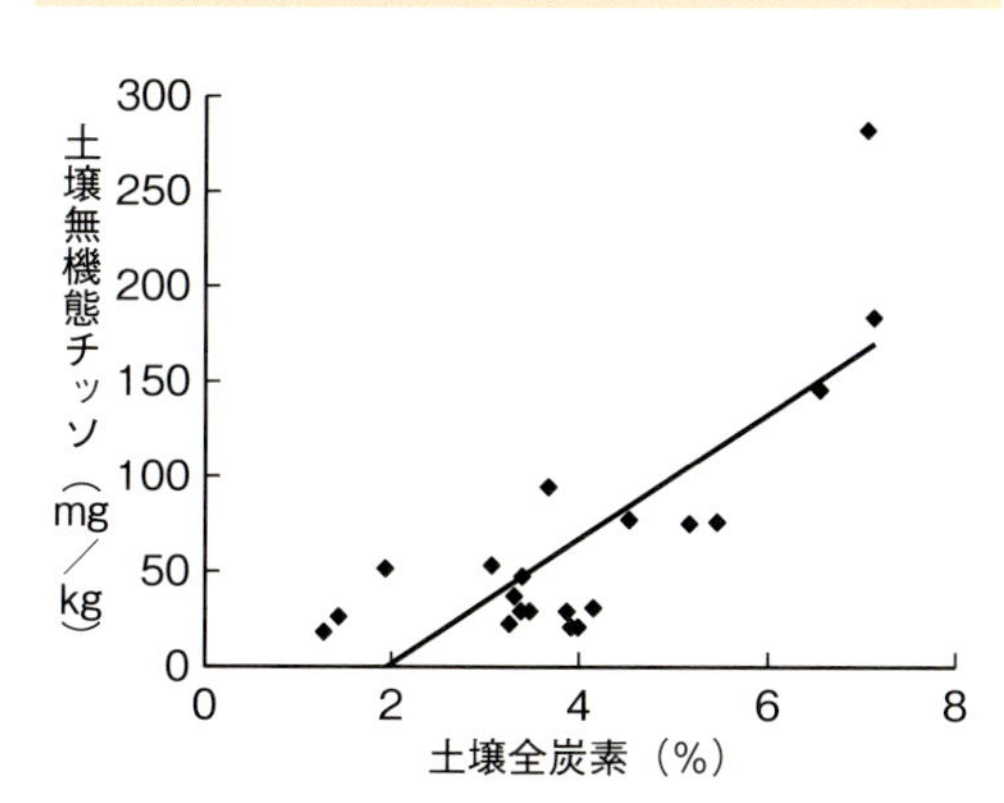

なると考えられます。

炭素と一緒にチッソも増加

浅野さんの畑で特徴的なのは、有機物の量が非常に多いことです。土壌炭素は土壌有機物の骨格であり、肥沃度を示すよい指標とされています。茨城県南部に広がる黒ボク土壌の畑での土壌炭素量は三％程度ですが、浅野さんの圃場では土壌炭素含有量が五～六％を示し、森林土壌に近い値を示しています。

浅野さんの圃場の土壌炭素の垂直分布をみると、雑草の根が多く分布している表層部の土壌炭素量が極めて多いことが注目されます（図２）。また土壌中の無機態チッソの分布をみるとやはり表層で非常に高い値を示しています。

土壌炭素量と無機態チッソ量には相関関係が認められ（図３）、土壌炭素含有率が増加することで作物が利用できる無機態チッソ量も多くなることが認められました。

土壌炭素の増加と同時に土壌の全チッソ（有機態チッソ＋無機態チッソ）が増加していることも注目されます。さらに土壌炭素が増加するのにしたがって土壌のC／Nが低くなっています。

このことから、浅野さんの圃場では雑草の地上部および地下部が畑に還元されることで土壌炭素を増加させ、同時に土壌チッソも増加させること、これにより施肥に頼らずに作物が生育するための養分を保持していることが認められました。

ミミズが土壌中の無機態チッソを増やす

雑草が有機物の形で確保した養分を作物が吸収・利用するには、有機物を速やかに分解し、無機化を促す〈生物による土壌分解系〉の存在が欠かせません。有機物を分解し、肥沃度を高めることが期待される土壌生物のひとつがミミズです。ミミズは生態系エンジニアと呼ばれ、有機物の分解のみならず、ミミズ糞による土壌の団粒化を促すことで土壌構

ミミズが土壌チッソ量を増やし、団粒構造をつくる（写真は長野県の竹内孝功さんの畑で竹内さん撮影）

造を改変し土壌有機物含有量を高めていくことが知られています。

横浜国立大学の金子信博先生の研究チームが浅野さんの圃場のミミズの生息数を調査した結果、一㎡あたり六六個体が認められ、とくに表層に生息するヒトツモンミミズが多数認められました。これらのミミズのバイオマスは一㎡あたり八〇g以上を示していました。土壌撹乱がなく、植生被覆が維持される自然草生・不耕起栽培では、ミミズがニッチ（生態的地位）を確保できることが認められました。

畑での物質循環にミミズが及ぼす影響をみると、とくにチッソやリンの可給態化に貢献することが認められます。茨城大学農学部のダイズやオカボ畑においてミミズの導入の有無と土壌無機態チッソ量の差異を調べてみますと、ミミズの導入によって有意に土壌無機態チッソ量が多くなることが認められました（図4）。またミミズの糞土は、元の土壌に比べて可給態リンが増加することも認められています。

以上のことから、太陽エネルギーの固定と土壌養分の吸収により雑草植物体の形で生産された有機物が畑に還元され、ミミズなどの土壌生物がそれらの分解に貢献することで土壌の肥沃度を高めていくことが認められました。

図4　ミミズの導入の有無が土壌無機態チッソ含有量におよぼす影響

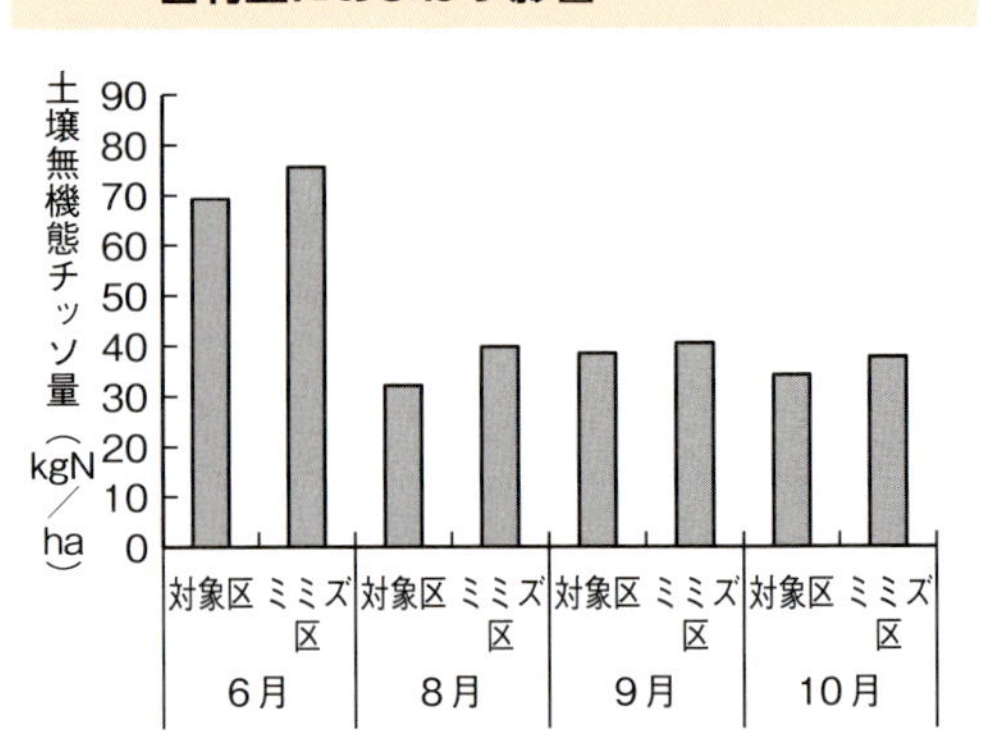

2007年5月に茨城大学農学部畑にミミズを導入し、無処理区との比較を行なった

自然の持つ生産力

慣行栽培では耕地に不足する養分を補うために、作物の吸収量を上回る量の養分を施肥してきました。しかしながら森林や草原などは施肥をしなくても植物の生産活動が盛んに行なわれています。この自然の持つ生産力を作物生産に活かしていこうというのが自然草生利用・不耕起栽培です。雑草が育つための必要な養分は、同時に作物が育つための養分にもなります。

自然の生産力を利用した作物生産では、必ずしも生産量は多くはありませんが、これらの生産方法では、農業生産に関わる外部資材やエネルギーの投入がごく少ないことも大きな特徴です。今後、燃料や農業資材などの価格の上昇が懸念される中でこのような農法の持つ可能性はさらに広がるものと考えます。

また浅野さんの畑では野菜がゆっくりと育っていきます。このゆっくりと育つ野菜の糖分やビタミンCの含有量を、市販の野菜と比べてみると高い値を示します。野菜の持つ自然の甘みやおいしさを引き出すことも、自然の生産力の大きな魅力であると思います。

現代農業二〇一〇年八月号
雑草草生畑では土壌炭素量に比例して土壌チッソが増えていた

Part4
耕すのをやめたら
…

不耕起・草生栽培でも立派なダイコンが収穫できた（113p）

不耕起畑の土は緑肥・雑草草生だけで肥えていく

（編集部）

田んぼでの不耕起栽培に比べると、畑での不耕起栽培はあまり耳にしない。長野県波田町にある自然農法国際研究開発センター農業試験場で、そんな不耕起畑での試験研究を何年か続けているということを聞いて、さっそく伺わせていただいた。

不耕起、緑肥・雑草草生栽培

▼徹底した自然栽培の試験

平成二年から研究を続けておられる中川原敏雄さんのお話では、この不耕起畑の研究の目的は、「有機質資材・有機質肥料、化学肥料、合成農薬、機械などを使わないで、自然の働きを最大限に発揮させる農法の確立とそれを農業にどのように活かすかを探る」というものだ。

畑に持ち込んでよいのは、タネと苗だけ。これで作物は育ってくれるのだろうか。

・畑を耕さないで根菜類が育つのだろうか

・何も入れないのでは、土がやせていくのではないか

・耕さないで、雑草対策はきちんとできるだろうか

▼たどり着いた〝輪作＋草生〟の体系

そこでまず、土つくりのために畑で有機物をつくりそれを還元していこうと考えた。そのためには乾物生産の高いイネ科の作物、冬場はムギ類、夏場ならアワ、キビなどの雑穀類をまきつける。さらにマメ科の作物をまくことで、根っこについている根粒菌を、土への養分補給に生かすことができるはずだ。さらに畑の物理性を改善するには根菜類を作付けて、その根っこで畑の土を耕してもらおう。そしてこのような仕組みの中に、葉菜や果菜を組み入れることにした。

ただ耕せないので、雑草対策として、緑肥を導入した。草でもって草を制することを目指したのだ。

こうして、緑肥作物を組み合わせた六年輪作・混作という形をとることにした。

具体的な春から秋にかけての食用作物のつくり回しは、

①雑穀→②葉菜類→③果菜類→④マメ類→⑤根菜類→⑥果菜類→①雑穀→……

というもので、それぞれの食用作物と食用作物との間に緑肥が入り、また混作される体系で試験を行なうことにした。

耕さなくてもしっかり太る根菜類

試験で中川原さんが一番驚いたのは、根菜が立派にできるということだった。

ダイコンやゴボウは、畑を耕さないと太ってくれないのではないか、と考えていた。しかし、採れたゴボウは八〇cmくらいにはなり、中には一m二〇cmになったものもあった。ダイコンも四五cmくらいにはなり、ニンジンも立派にできた。

土の隙間隙間に伸びた根っこが、ガバッと太るのだろう。ただ根菜類を不耕起畑でつくると、先端が平たい品種もクサビ型にとがる傾向がある。不耕起の土の中を突き進みやすいようにとがったのかもしれない。

持ち込みなしでも土が肥えてきた

さらに試験を始めて二年目くらいから、堆

肥などの有機物を何も持ち込んでいないのに土が肥えてきた。その原因として、上から有機物（青刈り）が補給される中での土壌動物の活躍と、作物・緑肥・雑草の根っこによる深耕があると中川原さんは考えている。

▼馬と同じ役割をする土壌動物

土壌動物の種類も数も増えてきた。タネまきをする時は唐鍬を使って表面を削るのだが、ミミズを一緒に削ってしまいかわいそうなくらいだという。ミミズをはじめとする土壌動物が、青刈りした緑肥や草を腐植に分解し、土を肥やしてくれる。また土の中で生活しながら、土の物理性も改善してくれているのだ。

昔、東北ではヒエ―ムギ―ダイズという輪作があった。そしてその中に馬がいて、ヒエを飼料にして堆肥を生産、それが畑に還元されていた。その馬の役目を、この不耕起・輪作栽培では畑の中の土壌動物が担っていることになる、と中川原さんは考えている。

▼草が土を肥やす

昔から「荒地は荒地の草で肥やす」という言葉があるという。その地域の風土の中で育った草が土をつくる力を持っているという意味だ。

酸性土壌にはカルシウムをたくさん持ったスギナが繁茂し、肥えた所には富養性のイヌビユやメヒシバが生える。硬い所にはオオバコなどの直根性のものが生えてくる。これらの草はただ土の条件によって棲み分けているだけではなく、草が生えることによってそこの土を肥やし、あるレベルのところまで地力を高める力を持っているのではないか。

雑草を味方にできた

さらに、苦労すると思っていた雑草を味方につけられることもわかった。

緑肥を伸び放題にしたのでは、緑肥的な効果はあっても、間に生育している作物が負けてしまう。反対に、作物を優先しすぎると、こんどは緑肥の効果が減り、強雑草がはびこってしまう。そこで適当な時期に地上部を刈り払ってやることが必要になる。

この関係は実は雑草にもそのまま当てはまるのだ。

雑草抑制というネライもあって、いろいろな緑肥を入れたのだが、雑草は少なからず生えてくる。ダイズやジャガイモの間にはクローバーなどの仲間が、スイカやカボチャなどの間にはメヒシバなどが優先してくる。

つくられている作物や前作、土地条件などで、生えてくる草が棲み分けて、作物とバランスを保っているようなのだ。それを不耕起・草生でなく、耕したり、草を全部刈ってしまったりするからおかしくなる。棲み分けが壊されることで強雑草が侵入したり、土が固まってしまったりといった、マイナス面が出てしまう。だから草を生やしながら管理していくことが大切なのだ。この意味では、緑肥も雑草もまったく同じなのだ。

この他にも次のような面白いことがある。

（1）果菜の不耕起草生栽培を見ていると、無整枝でも草勢が強い。もともと果菜類というのは、雑草と共生してきたのではないかと思えるほどだ。とくにスイカは不耕起草生で毎年よくできる。

（2）病害虫に強い。アブラムシが多発したことがあったが、カエルが増えてから自然減少してしまった。ヨトウムシもいるが、一列全部食べられるようなことはない。ベト病、ウドンコ病も出るが、蔓延しにくい。

（3）作目・品種によるつくりやすさの差が大きい。雑穀類やマメ類、根菜類など比較的少肥でもよく育つものがつくりやすい。

現代農業一九九三年十月号
不耕起畑の土は
緑肥・雑草草生だけで肥えていく

六年連続不耕起トマトの畑は水はけよし、根張りよし

兵庫県立中央農業技術センター・時枝茂行

暑いなかの耕耘・ウネ立てを省きたい

これまで、農耕の歴史は読んで字のごとく、耕すことの歴史に外ならず、耕すことから始まり、上手に耕すことが進歩であると考えられてきました。しかし、一般に行なわれているロータリー耕では、たかだか表層十数cmを耕すだけで、実はそれ以下の層は不耕起のままです。それにもかかわらず、作物の根は耕していない下層に達して根域を発達させています。また、われわれ技術屋も根を深く張らせることが生産の安定につながると、常日頃指導をしてきました。つまり、従来の耕起栽培でも不耕起層を意識した栽培を行なってきたわけです。

ところで、これからの農業は土地生産性を極限まで上げるような農業経営の時代は終わり、省力化や作業の軽減化を図って労働生産性を向上させ、低コスト化を図る必要に迫られています。そこで、作付け前の耕耘・ウネ立て作業、なかでも盛夏期の同作業を省略してトマトを栽培してみました。そして生育・収量・品質並びに土壌の理化学性に及ぼす影響を検討したところ、実用化技術として十分活用できることがわかりました。

風食防止のために刈り株を残したのが不耕起の始まり

不耕起・平ウネ栽培は、耕耘やウネ立て整地作業を省略する、いわば〝手抜き農法〟です。そのルーツは手や棒で土に穴をあけ、そこに種子を播くハック農法等の原始的農業にさかのぼることができます。この古代農法を現代の農業技術として蘇らせたのは風食防止を目的として行なわれるようになったStubble mulching（刈り株を残すことで土壌を保護すること）が最初です。

一九三〇年に大砂塵が北アメリカの大穀倉地帯を襲い、大平原の肥沃な表土はアパラチ

不耕起・平ウネのトマトは初期生育が抑えられて、着果安定。収量は慣行栽培を上回る！

ア山脈を越え、空を黄色に染めながら東部地域にまで達したといわれます。その後もこの現象が続き、大平原の砂漠化が始まったために、土壌浸食の防止による持続的・環境保全型農業としての不耕起栽培が導入されました。

欧米ではこの二〇年間に多くの研究がなされており、不耕起栽培による収量性は慣行のプラウ耕と比べてほとんど差がなく、良好な栽培条件では多収をもたらすこともあることがわかっています。同時に、生産に要する労力や経費についても従来の耕起栽培のおよそ半分ですむ省力・省エネ農法でもあることが明らかにされています。

耕耘・ウネ立てはなぜするのか?

耕耘する目的としては、まず物理性の改善があげられます。固相率を下げて気相率や液相率を増やし、保水力や排水性を向上させるほか、固結した土壌を膨軟にして根を入りやすくする。また、ガス交換を促して微生物の活動を促進させるなど、生物性を改善するともいわれています。なかでも堆肥や肥料を施用したときに土壌に混和するには耕耘が不可欠です。

また、ウネ立て栽培も当たり前のように慣行的に行なわれてきました。降雨量が多く、ほとんどが水田で畑作物をつくっているわが国では、排水が重要であるためにウネを立てて、谷に水を集め、余剰水を表面排水する方法をとっています(ヨーロッパなどでは逆に畑作であるためかんがい技術が発達している)。また、作土層の浅い水田(底に耕盤がある)、特に関西では有効土層が浅いので、作物の植え付け部の土量を増やすために谷部の土壌をウネ部に積んで、大きなウネを立てて生産安定を図ってきました。

いっぽう、土壌中では微生物はもちろん、作物の根も酸素呼吸をしています。そのため、土壌中の炭酸ガス濃度は数%レベルにもなり、大気に比べて非常に高いため、土壌と大気のガス交換を促すために土壌の表面積をウネ立てすることにより増やしているともいわれています。その他、ウネを立てる利点として、植え付け等の管理面で作業が楽になる面もあります。

耕耘することによる弊害もある

ところが、土壌を耕耘すると、栽培期間中につくられた大きな割れ目(土壌の乾湿や、生息する小動物等によってつくられる粗孔隙)や根によって縦横に張り巡らされた微細孔隙による立体的な土壌構造を、つぶしてしまう弊害も指摘されています。

つまり、耕起層と不耕起層では孔隙分布が異なるために、その境では粗孔隙が切れて排水性や通気性が悪くなります。それだけではなく、逆に微細孔隙も切れて毛管断点が生じるために下層からの適度な水の補給もなくなるといわれています。

また、施設栽培ではふつう、露地のように雨に叩かれて土の表面が固結することはありません。ところが、耕耘して土がこなれたところにかん水すると、施設の場合でも土壌表面が固結することがあります。かん水により土壌粒子が壊れ、土壌表面に固い膜のようなものができるため、通水性や通気性が悪くなり、水が下層に均一にしみ込まず、谷部等へ流れ出す現象が起きます。

排水対策が十分なら平ウネでよい

いっぽう、土壌が十分肥沃ならば毎作施肥して耕す必要はなく、数作に一度地力保持のために有機物の投入や緩効性肥料を施用すれば、あとは追肥だけでの栽培が可能です。極論すれば、土耕で養液栽培を行なうことで、元肥のすき込みも不要になると考えられます。

ところで、施設栽培では、暗渠施工や施設周辺の側溝により余剰水の排水は十分可能となり、かん水により水分管理が行なわれてい

ポリポットの底を抜いて、ポットを着けたままベッドに置くだけで定植をすませることができる（リングカルチャー法）。不耕起土壌に植え穴をあける手間が省ける

ます。このような排水対策さえ十分ならば、ウネ立てにこだわる必要はありません。

実際に、排水対策として暗渠を施工した露地圃場でレタスの平ウネ栽培を行なったところ、生育に問題はありませんでした。また、平ウネ全面に植え付けることにより栽植本数は極端に増え、収量も安定している結果が得られています。

また、土量を増やすためのウネ立ては、根群域のせまい作目では必要だと思われます。しかし、一般には根は広範に張っており、あえて土をウネ部に寄せてウネを狭める必要性はありません。

不耕起・平ウネ栽培のやり方

不耕起・平ウネ栽培のやり方は次のようです。まず、排水が良好で地力に富んだ場所を選び、あらかじめ太陽熱処理をしておきます。一作目の施肥は有機系や緩効性肥料を施し、土壌面が均平になるようにこれまで通りに耕耘します。定植は慣行通りの間隔で行ないますが、誘引のための支柱を立ててウネの方向を決めて植え付けます。

ポット苗を定植するには植え付け穴を掘る必要がありますが、ポットの底を抜いてポットを着けたまま土面に置くことで定植を済ますこともできます（このような方法をリングカルチャーという）。土壌表面が固結していると活着が遅れるため一～二cm削り取り、そこにポット苗を置き土面との隙間に削り取った土を寄せます。セル成型苗を直接定植することも可能で、土壌表面が湿っていると土壌表面はそれほど硬くなく、指で押さえつけるとセル穴程度は簡単に掘れます。

その他の栽培管理は慣行と同様に行ないます。マルチは土壌水分の安定や雑草対策として効果的で、不耕起・平ウネ栽培では全面敷設も容易です。しかし、ポリマルチは土壌水分が上昇して上根になりやすいため、本試験では通路部にモミガラを敷きました。モミガラはハウス内の湿度を取り除いてくれるほか、土壌の鎮圧を防ぎます。

二作目以降は収穫が終了した時点で残渣を片づけ、ただちに前作の株間に植え付けていきます。苗の生育が早い場合には前作が残った状態でも植え付けが可能です。施肥は養液土耕に用いられている水溶性肥料等の液肥を使います。

初期生育が抑えられ着果安定 収量は同等以上

不耕起・平ウネ栽培でトマトを栽培した結果、生育は慣行栽培に比べて初期は少し抑えられ、第一花房までの茎長も明らかに短くなりますが、第四花房あたりからは逆に生育が旺盛となり、葉も大きく、茎も太くなる傾向がみられます。

図1　収量は慣行栽培と比べて同等以上。トマトの品質は明らかな差がない

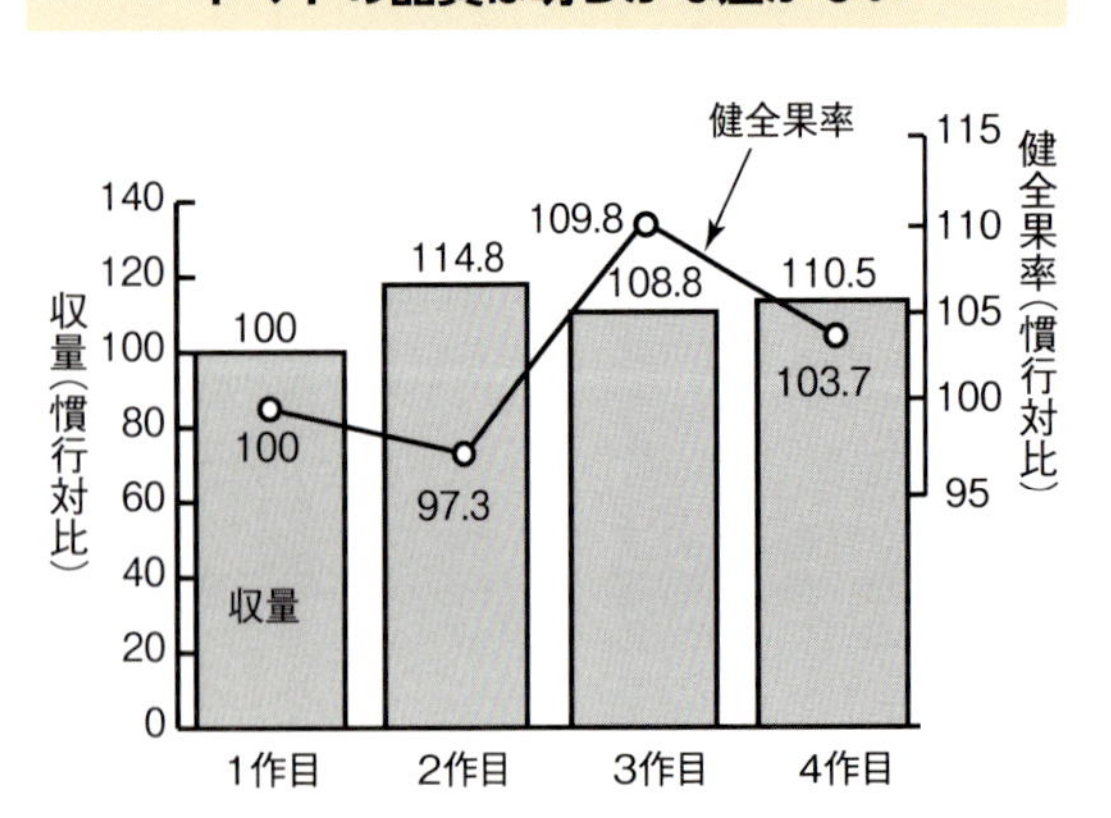

また、草丈に差はありません。そのため、初期生育の樹勢調節を意識しなくても自然と制御されることになり、低段花房の着果が安定します。四～五段花房では樹勢が旺盛になるためか、空洞果がみられるものの、落花（果）は少なく、各花房に平均して着果します。収量は慣行栽培と比べて同等以上で、収穫果実の品質については慣行と比べて明らかな差はみられません（図1）。

図2　根のようすを調べてみた

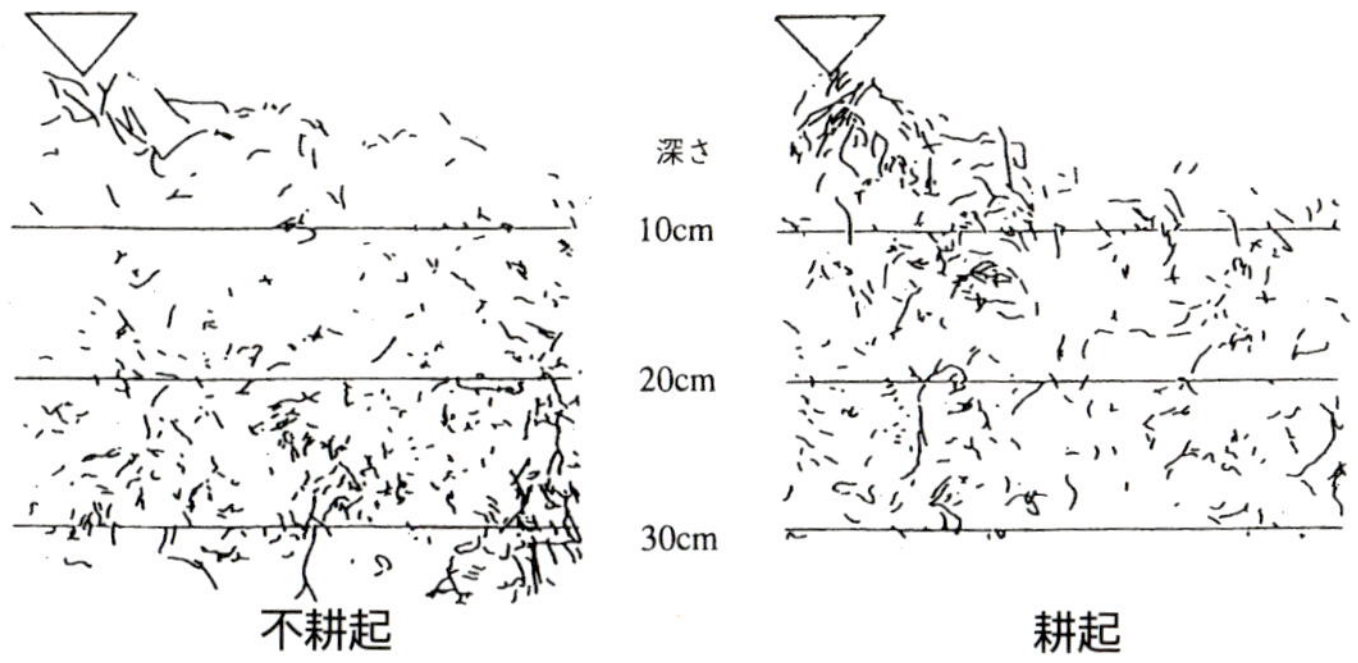

深さ
10cm
20cm
30cm
不耕起
耕起

不耕起区では前作の根によってつくられた管状の穴（孔隙）があるため、かん水するときれいにタテ浸透した。根もこの穴に沿って深く張ると思われる。いっぽうの耕起区はかん水すると、不耕起区に比べ横に広がる傾向にあった。したがって耕起区では水分のある表層に集まったと思われる

根の分布が深くなる

不耕起・平ウネ栽培で三作目終了後の土壌を調べると、慣行に比べて深さ一〇cmまでは粗孔隙が多く、透水性も良好だが、深さ一五cmあたりでは固相率が増え、粗孔隙が少なくなって透水性も劣ります。化学性を調べると不耕起・平ウネ栽培の土壌ではカリ（K_2O）で低い傾向がみられるものの、他の要素では明らかな差はみられません。

土層別の土の硬度を調べると、不耕起・平ウネ栽培では深さ一〇～二〇cmの間で硬いが、硬度値は二〇以下で根の伸長に問題はありません。根群分布をみても慣行に比べて二〇cmまでの層では根量が少ない傾向が認められますが、それ以下の土層では逆に根量が増えており（図2）、不耕起・平ウネ栽培では耕起栽培と比べて根の分布が深くなります。

これらから根の分布と土の硬さ、孔隙状況が互いに関係していることが示唆されます。

雑草が年々少なくなる　根腐れエキ病が出ない

栽培管理面からみると不耕起・平ウネ栽培により通路部が広くとれ、また、植え付け部が多少なりとも低くなるため、高段花房の作業性等が改善されます。不耕起では、一作目に太陽熱で殺草している上に、雑草のタネが耕起によって表層に現われることがないため、作付けが進むにつれて雑草の発生も明らかに少なくなります。

また、試験は前作で根腐れエキ病が毎作発生していた圃場を使ったのですが、太陽熱処理後、不耕起栽培をすることで発生がみられなくなりました。これらのことから、この方法では表層に生息する病原菌については活動を抑える方向になると思われます。

場合によって二～三作に一度耕起

不耕起栽培では初期生育が抑えられる傾向がみられるため、生育初期に樹勢を抑える必要があるセル成型苗の直接定植に向いています。しかし、生育中期以降は樹勢が強くなる傾向があり、幾分締め加減の養水分管理を行ないます。

六作目までの連続不耕起栽培で生育等に影響はみられていませんが、生産現場で三作目あたりから生育が遅れる事例がみられ、一般には二～三作に一度は耕起を行ない、その際に有機物等の施用により土壌の膨軟化と地力維持を図るのが望ましいでしょう。

現代農業一九九九年十月号
六年連続不耕起トマトの畑は
水はけよし、根張りよし

不耕起草生栽培

不耕起三年目から収量が増えた

茨城大学農学部・小松崎将一

アメリカのダイズは半分が不耕起栽培

不耕起栽培は、今まで幾度となく注目されてきました。一九七〇年代にはオイルショックに起因する省エネルギー効果が期待され、一九九〇年代には農産物の国際競争激化へ対応するための省力技術として注目されました。しかし、多くの研究で効果が広く認められるものの、雑草防除に難点があることや栽培管理が難しいことなどから主流の農法とはなりませんでした。

いっぽう、アメリカでは、ダイズ作の四九・三%、トウモロコシ作でも二九・六%が不耕起で栽培されるなど拡大傾向が続いています。筆者がノースカロライナ州立大学で研究プログラムに参加した際、そこでは不耕起栽培によって土壌の質（soil quality）が改善できるかどうかという研究が盛んに行なわれていました。不耕起栽培の省力化や低コスト化に注目した日本の研究とは大きく異なる視点をもっていました。

不耕起三年目から表層に炭素が集積

帰国後、二〇〇二年秋から設定した試験圃場では、耕耘をプラウ耕、ロータリ耕および不耕起の三方法、冬作カバークロップの種類をヘアリーベッチ、ライムギおよび裸地の三種類、さらに無施肥と慣行施肥との二方法を組み合わせた試験区を設置しました。

最初の数年は、作物の収量も土壌炭素量も有意な差がありませんでした。しかし、継続三年目からは不耕起区の表層で土壌中の炭素が増加する傾向が認められ、継続八年後には、耕耘区（プラウ耕とロータリ耕）に比べて一〇～二一%も増加しました。

もっとも大きな変化は土壌炭素の分布構造に現われました（図1）。プラウ耕の圃場では、土壌炭素が地表から三〇cmまでの層でほぼ均一に分布するのに対し、不耕起栽培では、土壌表層に炭素が集積することが認められます。森林や草地に近い構造となっているのです。

土壌表層にカビが増えて団粒化が進む

土壌に還元した有機物は、その埋設する深さによって分解される速度が異なります。耕耘して残渣を土壌中に埋設した場合は比較的

プラウ耕区

不耕起栽培区

不耕起でダイズの収量が増えた

速やかに分解されるのに対し、不耕起栽培のように土壌表面に残渣を置いた場合にはゆっくり分解していきます。

　その影響が顕著に認められるのが土壌中の微生物バイオマスの分布です（図２）。耕耘区では五月にカバークロップの残渣をすき込んでいて、試験した十月になるとその影響は認められません。しかし、不耕起栽培では表層に残存している残渣が炭素を供給し続けることで、カビのバイオマスを、特に表層部で高く維持しています。カビなどの好気性微生物の増加は、地表面におかれた有機物と表層部の好気的環境が支えているものと考えられます。

　これらの結果、不耕起土壌では土壌団粒も発達していきます（表）。

図1　耕耘方法別のカバークロップ利用が土壌炭素分布に及ぼす影響（東ら）

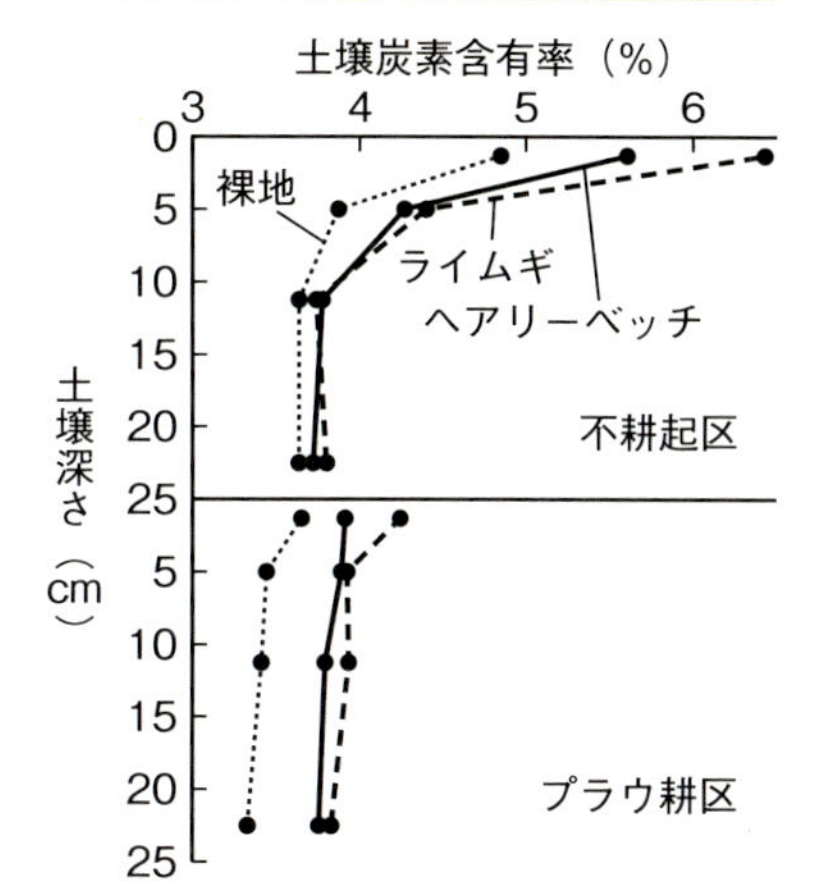

増えた土壌動物が養分循環を助ける

　不耕起栽培を継続すると、トビムシやダニなどの中型土壌動物や、ミミズやイシムカデなどの大型の土壌動物が増えていきます。不耕起栽培を継続して四年目の調査では、大型の土壌動物が、不耕起圃場では九～一二科・目、ロータリ耕では九～一〇科・目、プラウ耕では七～九科・目観察されました。

　不耕起とライムギによるカバークロップを組み合わせた試験区では、冬期裸地にしたロータリ耕区と比べて土壌動物バイオマスが、約一一倍に増加していることも認められました。

　さらに、ライムギに重チッソ（15N）を吸収させて一カ月後にその動きを調べたところ、不耕起区のミミズや土壌センチュウ、ダニ類およびトビムシ類で吸収率が有意に高くなっていました。そして、不耕起区ではその後作の陸稲でも、ライムギ由来のチッソ吸収量が高くなりました。

　もし、有機物供給に伴って微生物のみが増加したならば、土壌中の可給態チッソを微生物増殖に利用され、いわゆるチッソ飢餓が生じてしまいます。しかし、土壌中に生息するミミズやトビムシ、菌食性のセンチュウがこれらの微生物を食べて排糞し、有機

図2　耕耘方法とカバークロップの違いによる土壌中糸状菌バイオマスの違い（昭日格図）

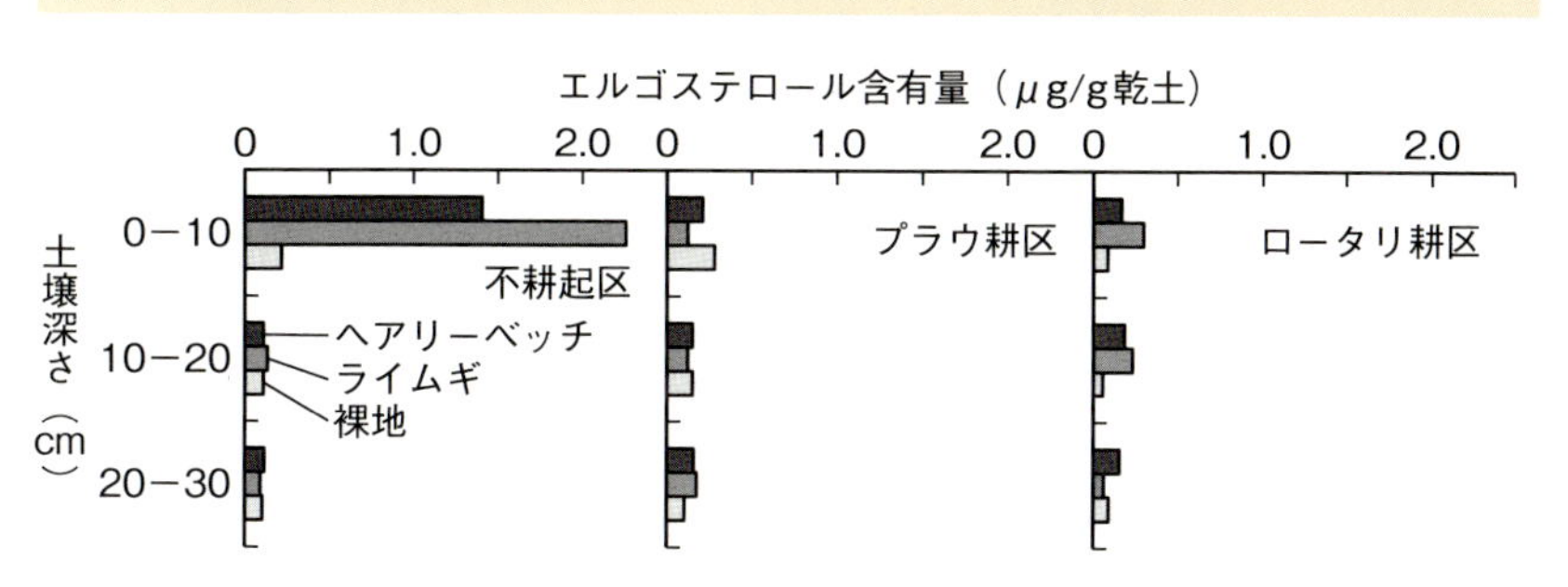

耕耘方法別の土壌微生物バイオマスと土壌構造（Nakamoto）

	微生物バイオマス	糸状菌／細菌	平均団粒径	全チッソ	全炭素
不耕起	20.29	1.19	0.63	0.43	4.35
プラウ耕	16.19	1.1	0.485	0.36	3.6
ロータリ耕	17.43	1.16	0.575	0.39	3.95

物の無機化を促進することでチッソ飢餓を回避しているわけです。

センチュウ害が減って収量が増えた

多くの報告では、不耕起と耕耘栽培との作物収量差はほとんど認められません。筆者らの試験においても、最初は有意な差は認められませんでした。

しかし、不耕起を継続した結果、不耕起区で収量が有意に高くなることが認められました。陸稲の連作試験では連作四年目において、不耕起区で耕耘栽培区に比べて有意に収量が向上したのです（図3）。

耕耘区の減収にはイネシストセンチュウの影響が認められました。耕耘区でセンチュウ密度が高いのに対し、不耕起区ではほとんど検出されませんでした。不耕起栽培では土壌攪乱が少ないために体長の大きな捕食性センチュウが増加し、これらや糸状菌の働きによって植物寄生センチュウの増殖が抑制されていることが考えられます。

現在試験している有機ダイズでは、いまのところダイズシストセンチュウなどの被害はなく、不耕起区で収量がやや高くなることが認められています。

緑肥の有機物マルチでふかふかの土に

不耕起栽培で問題とされるのは土壌硬度の上昇です。しかし、不耕起栽培でも冬作カバークロップを利用することで土壌硬度が有意に低下することが認められます。冬作のライムギやヘアリーベッチは根を深さ一m以上に張り巡らせることが知られています。根はC／N比が低いため、カバークロップが枯死した後は速やかに分解されますが、土壌中には空隙が残り、水の流れを確保すると同時に土壌硬度を低下させることができます。

不耕起栽培とカバークロップなどの有機物の表面施用を継続すると、土壌の団粒化が進み、いわゆる「ふかふかの土」へと変化していきます。圃場表面の空隙率の増加は、好気性微生物であるカビの増殖を促し、菌食性の土壌生物の増加にもつながります。

不耕起栽培の機能を発揮させる有機物マルチにはC／N比の高いものが優れていると思います。カバークロップではC／N比が低く早期に分解されてしまうヘアリーベッチよりも、C／N比が高いライムギのほうが秋季まで土壌表面被覆が維持され、炭素供給の持続と適度な土壌水分の保持により土壌生物に適度な住処を提供することができます。

図3　耕耘方法別のセンチュウ密度と陸稲の収量（楠本）

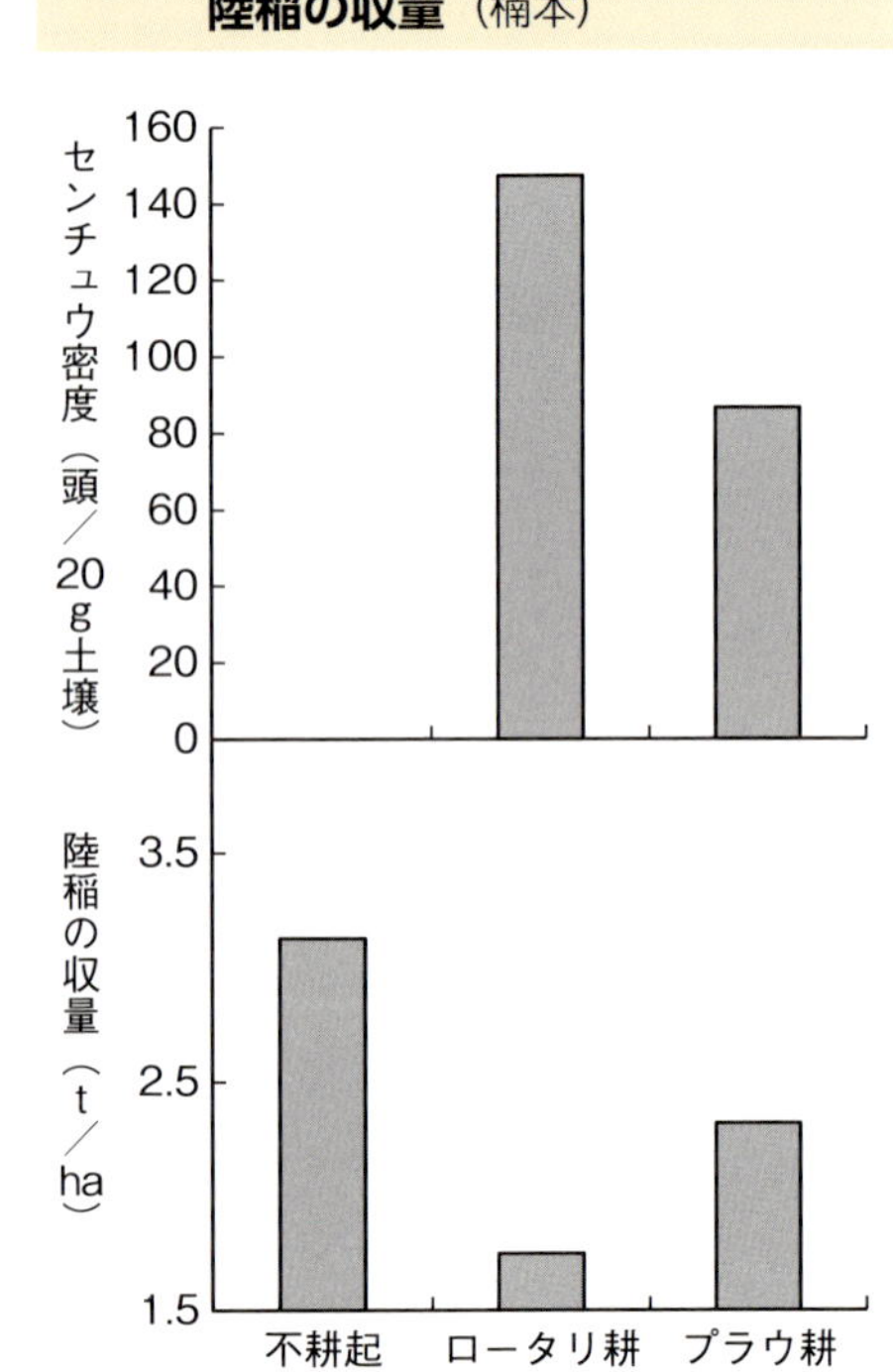

栽培条件の悪い土質でも効果があった

では、不耕起栽培の効果はどのような土質でも認められるのでしょうか。実験圃場の土質は黒ボク土壌です。黒ボク土壌はもともと有機物含有量が高いために、炭素量をさらに増加させるには時間がかかります。それでも、試験では不耕起栽培とカバークロップ利用の継続によって土壌炭素含有量を著しく増加できたことは注目に値すると思います。

土壌の種類による不耕起栽培の効果の違いに関する検討は始まったばかりですが、いくつかの土壌では炭素集積が認められています。愛知県新城市で福津農園を経営する松沢政満さんは、二五年にわたり不耕起・雑草草生栽培を実践されています。土壌は蛇紋岩を母材とする暗赤色土で、これらは土壌炭素量が少なく、塩基に富みかつ重金属類が多く、植物生育が著しく悪いことが知られています。

そこで松沢さんは、不耕起・雑草草生栽培を実践することで、雑草による有機物供給を継続し、圃場では土壌物理性および養分供給能の改善などが認められます。

不耕起草生管理で生育が激変

不耕起・草生（雑草）栽培のすすめ

私たちの一〇年間にわたる試験での結論の一つとして、不耕起栽培単独で土壌を改善することはできませんが、不耕起栽培にカバークロップ利用など有機物の表面施用を組み合わせることで、土のもつ機能が劇的に向上することが認められます。

カバークロップは、購入種子でなく圃場にある自然植生（雑草）でも効果が期待できます。その先進的な事例は、前出の松沢さんのほか茨城県の浅野祐一さん（本文100ページ参照）などの取り組みからも理解できます。

不耕起・草生（雑草）栽培は、作物と草の生育のバランスを取ることが難しいのですが、雑草の生育力がやや低下する秋季以降に栽培する作物には、比較的簡単に適用できます。不耕起・草生圃場（イタリアンライグラスの自生化圃場）と慣行圃場（毎年一回ロータリ耕耘し、雑草防除を行なう）において、ダイコンやカブなどを栽培（どちらも播種時の殺虫剤施用なし）したところ、耕耘圃場ではネキリムシの被害が多発したのに対し、不耕起・草生圃場では被害がほとんどありませんでした。不耕起栽培で無農薬でも立派なダイコンが収穫できました。不耕起・草生区のダイコンやカブは、耕起区に比べて硝酸含有量が著しく低いことも大きな特徴です。

耕耘について改めて考えたい

農業は今まで以上の低コスト化が求められています。規模拡大で農業機械がさらに大型化すれば、土壌踏圧の著しい増加によって土壌生物相の貧困化や土壌の長期的劣化が危惧されます。

アメリカでの不耕起栽培は、除草剤耐性GM作物の利用による大規模効率的栽培によって進んでいます。いっぽう日本では、自然との共生に根差す新しい農法としてユニークな展開を見せつつあります。土が持つ機能を最大限に生かすという発想から、改めて耕耘について考える必要があると思います。

現代農業二〇一三年三月号
不耕起草生栽培
不耕起三年目から土壌炭素が増え、収量が増えた

不耕起でこそ力を発揮！

バイオポアが根張り・水はけをよくする

東京大学大学院・中元朋実

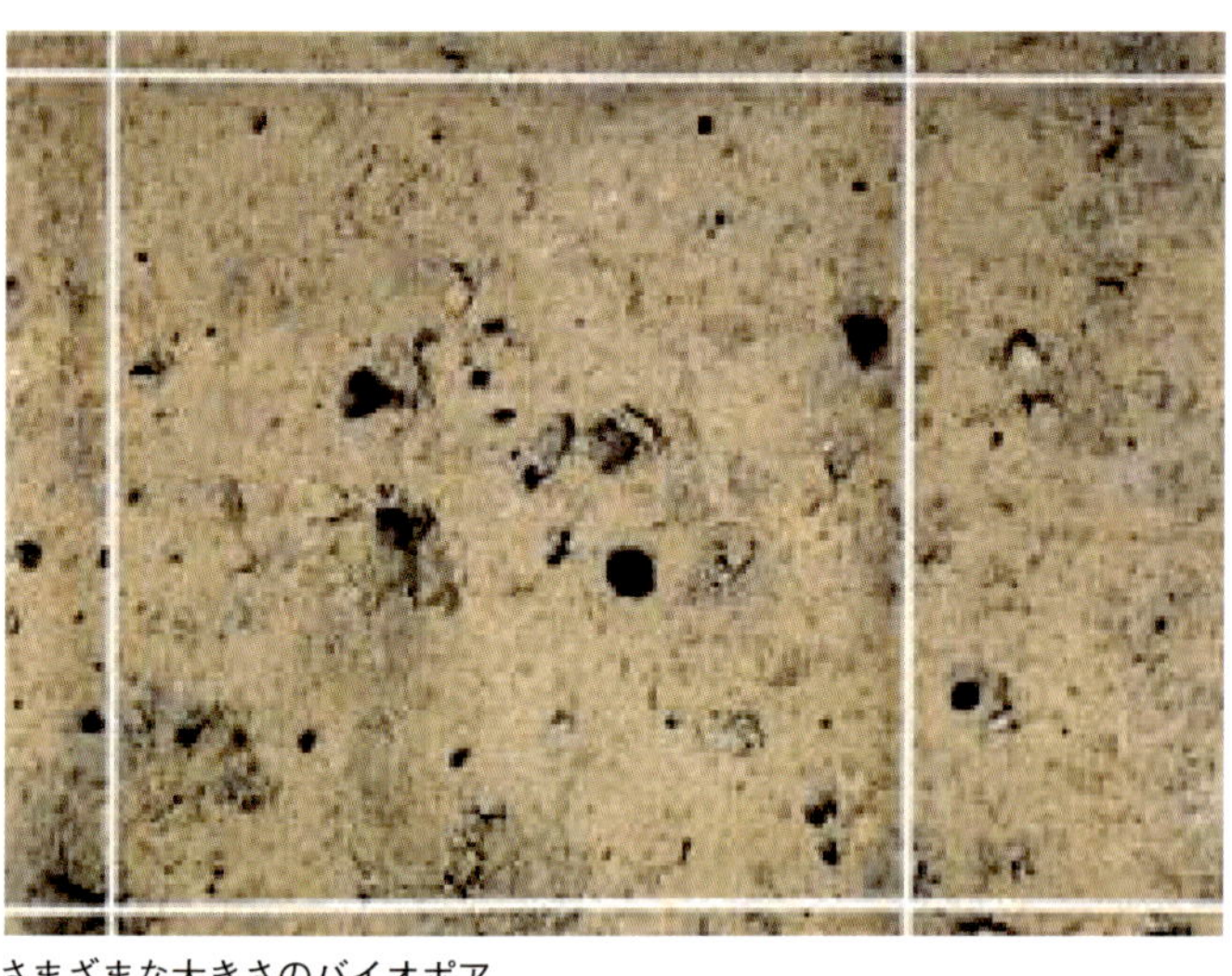

さまざまな大きさのバイオポア
バイオポアの輪郭は円形でなめらか。内部に根が見られるものもある。白い糸で囲んだ範囲は10cm×10cm

バイオポアは根やミミズ等によってできた穴

土壌を断面で観察してみると、均質に見える部分のほかに、じつは多くの穴が存在していることが分かる。なかでも、肉眼で見分けることのできるような土壌中の粗大な穴は粗孔隙と呼ばれる。また粗孔隙にも、土壌の乾燥・収縮により生じた亀裂のほかに、ミミズなどの土壌動物によってつくられる穴、植物の根の枯死・分解後に残される穴などがある。動物や植物の活動に由来するこうした穴は、生物によって形成されたという意味でバイオポアと呼ばれている。いずれも細長い管状をなしている点に大きな特徴がある。

排水性をよくし、根を深く張らせる

バイオポアには二つの重要な機能がある。一つは、バイオポアは土壌中において雨水などの排水路となることである。したがって、バイオポアによって土壌の排水性は高まることになる。地表に通じたバイオポアは土壌が乾燥しているときには空気で満たされているが、いったん土壌の表面が降雨などによって湛水状態になると、水はバイオポアの中を優先的に流れるようになる。バイオポアは、一般に垂直方向に長く連続しているため、雨水は速やかに土壌の深層へ運ばれる。

もう一つの機能は、作物の根系を土壌深層へより拡大しやすくすることである。根はバイオポアがあることで、その内部を抵抗なく旺盛に伸長するため、深く張るようになる。

バイオポアは土の体積の二％を占めることがある

こうした重要な機能を持つバイオポアは、機械による耕耘をした一般耕地においても意外にその姿を見ることができる。

これまでに世界の温帯の一般耕地でなされてきた観察によると、根や小型の土壌動物によって形成される直径一㎜程度以下のバイオポアの数は一㎡あたり〇～三〇〇〇と幅が広い。主にミミズによる直径二㎜程度以上の大型のバイオポアの数は一㎡あたり〇～四〇〇の範囲にある。バイオポアが土壌に占める割合は体積にしておよそ〇・〇五～二％である。

ミミズの多い土壌ほどバイオポアは多い

植物の根が伸長するときにつくられた穴は、根が枯死・分解したのち、初めてバイオポアとして機能することになるが、日本のような湿潤で温暖な気候の下では、根の分解は意外に速やかに進行する。したがって多くの場合、作物の収穫後数カ月以内にはバイオポアが観察されるようになる。

また、ミミズが多く棲息している土壌ほどバイオポアの数が豊富である。ミミズはその生態によって三つのグループに分けられることが多いが、なかでも土壌の深層と地表との間を垂直に移動する種が、連続性が高く長い穴を形成することが知られている。

なお、バイオポアが水の通路として十分に機能するためには、土壌の季節変化や管理方法に対して安定度が高く壊れにくいことが望ましい。ミミズは土壌を体内に取り込みながら穴を残すのに対し、植物の根は伸長に際して周囲の土壌を圧縮するため、根によって残されたバイオポアのほうが壊れにくいとされている。

バイオポアと土中への水の流れ

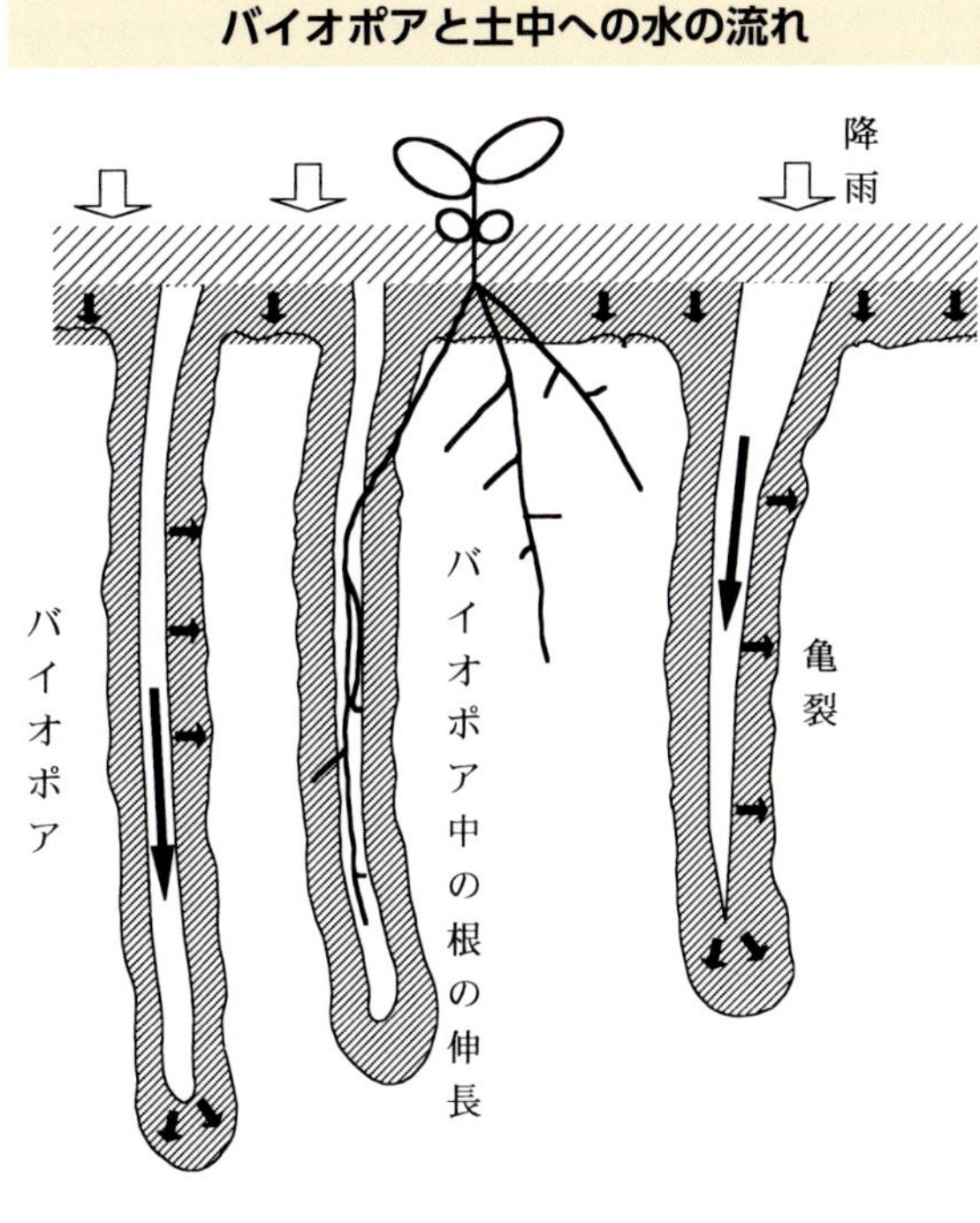

バイオポアは不耕起でこそ増える

こうしたバイオポアは、当然のことながら耕耘による土壌撹乱によって壊されることが多く、不耕起にすることによって保たれやすい。不耕起栽培を行なうと、作土だけでなく下層土に至るまで、バイオポアの数が増加することが確かめられている。

不耕起栽培では、施肥は表層にしか施せないため、土壌の反転を伴うプラウ耕などに比べて土壌撹乱の程度が小さい。したがって、前作物の根によってつくられたバイオポアが破壊されることなく後作に引き継がれるのである。さらに、不耕起では地表面が乾燥して硬くならないようにするために地表に植物残渣を意図的に残す。よってミミズなどの土壌動物の活動が活発になるのである。不耕起栽培では、下層土から土壌表面にまで長く連続したバイオポアが形成されることも稀ではない。

不耕起で土がしまっても、排水性はむしろよくなる

このように、不耕起栽培をするとバイオポアの数が多くなり、長く連続したバイオポアが増える。その結果、耕起土壌よりも、むしろ不耕起土壌のほうが排水性が高まることになる。

米国ミネソタ州での埴壌土で、六年間トウモロコシを連続栽培した研究の結果によると、不耕起土壌では耕起された土壌に比べて、硬くしまって、気相率が低く、土壌の透

水性が低くなるなど、不耕起栽培に伴う典型的な土壌の変化を示していた。したがって、これらの測定値から、当然高い水分含量と通気不足による発芽不良や生育不良が予想された。ところが、実際にはミミズあるいは枯死した根によって形成された直径一㎜以上の管状のバイオポアが多いため、排水はむしろ良好であり、植物の生育には問題を生じなかったのである。

深根性の作物を輪作体系に組み入れる

現在、バイオポアの形成を促進する作物を輪作体系の中に組み入れ、土壌の物理性を改善する試みが各国でなされている。

たとえば、アメリカ、オーストラリア、ナイジェリアなどでは深根性の作物、とくに土壌に根を伸ばす力が強い作物を輪作体系に組み入れた研究例がある。これは、土壌への貫入力の大きい作物を前作に用いて、その根がつくったバイオポアを、貫入力の大きくない後作の根の伸長に積極的に利用することを目指した技術である。それによると、前作物にはキマメ、ルーピンなどのマメ科作物かキクユグラス、バヒアグラス、トールフェスクなどのイネ科作物が有望視されている。なお、熱帯性のキマメ、キクユグラス以外は日本でもつくられているものである。

また、カナダでは、トウモロコシの連作による土壌の硬化の進行がエンバクやアルファルファを取り入れることによって軽減されたことが報告されている。オーストラリアでは、不耕起レタス栽培において前作にサブタレニアンクローバ（通称サブクローバ）を用いることによって増収したことが報告されている。サブクローバはオーストラリアでは主要な牧草で、自生も可能なほふく型緑肥でもある。チッソ固定力が比較的高い緑肥でもあるが、レタスが増収した理由は、前作の根やミミズによってバイオポアが形成され、土壌構造が変化したためであると考えられる。

スイスでバイオポアを調査
土壌の水平断面を切りとり、掃除機で表面の土を取って観察。傾斜地が多いスイスでは、土壌流亡を防ぐために畑作地の5%を不耕起にしている

微生物が多様に棲むバイオポア

バイオポアと微生物との関係は、解明すべき重要な課題として残されている。バイオポアは作物の根によって繰り返し利用されるため、その内部では共生菌あるいは病原菌の密度が高くなっているとも考えられる。

たとえばトウモロコシやコムギの不耕起栽培では、前作物の根の断片を残したバイオポアに後作物の根が入ることによって共生菌であるVA菌根菌の感染が促進されるというメカニズムが働いているようである。VA菌根菌は土壌中から吸収したリン酸などの養分を寄生した植物に提供し、作物の生育をよくする。

いっぽう、バイオポアの内部に前作物の根が残した有害な微生物が存在していた場合、根の生長が阻害されるという例もある。

いずれにしても、微生物相が多様化することで、特定の病原菌だけがはびこることは少ないと思われる。

現代農業一九九九年十月号
根穴の最新研究
不耕起でこそ力を発揮！
バイオポアが根を深く張らせ、排水性を高める

秋に米ヌカをまいて、水をためた不耕起田

生きものいっぱいの田は だんだん肥料がいらなくなる

千葉県佐原市・藤崎芳秀さん（編集部）

藤崎芳秀さんは昨年、秋に米ヌカ50kgだけで、無農薬で10俵どりを実現してしまった（すべて倉持正実撮影）

十月、まだ暖かい時期の田んぼに米ヌカをまいて水を入れ、田植えまでずっと水をためておく。すると、なぜか年々肥料を減らしてもイネが育つ田んぼになってきた。「米ヌカ五〇kgしかやってないんだぞ。これじゃ〝やらずぼったくり農法〟だよな。でも、とれちゃうんだからしょうがない」と不思議な変化に首をかしげる藤崎さんと岩澤さん。

耕さずに冬期湛水をすると、秋から冬にかけて水の中でいろいろな生きものが活発に活動する。〝年々肥料がいらなくなる田んぼ〟の秘密は、この生きものたちの活動にある⁉

「生きものが肥料をつくる」と考えたら、

元日本不耕起栽培普及会会長　岩澤信夫さん（故人）

▲4月７日の田んぼの様子
冬期湛水＋不耕起のため、田んぼは湛水状態で、イナ株が見える

不耕起栽培歴18年の田は、もし水を入れなければ今頃は「ガチガチのコンクリートみたいな田んぼ」。しかしこの日（4月7日）、水の下にはまずふわりとした層があり、その下の土は手ですくうのが難しいくらい滑らかでトロトロ

土の表面にトロトロ層が発達する

田面に無数にいるのがこのイトミミズ（両側にひらひらの毛がついているのはエラミミズ）。微生物とともに、トロトロ層をつくりだしている。岩澤さんたちの観察では冬期湛水田では2000万匹／10aとか!?
土をすくってビンに入れて撮影してみた。彼らは地面に頭を突っ込んで有機物を食べ、水の中に突き出した尾から糞を排出する。この糞の中にはイネの吸いやすい肥料がたくさん含まれているという

6月10日の表面の土はトロトロが厚くなっており、ますます滑らかになっていた

▲6月10日のイネの様子
この時期、イネはガッチリ開張してたくましい。冬期湛水してから不耕起でも茎数が早くから増えるようになった

◀7月7日のイネの様子（最高分けつ期の頃）
周りの田んぼと比べても、青々として草丈が高い。秋に米ヌカ50kg施用しただけとは思えない葉色だ

7月7日のイネの葉色を比較してみた

この時期、近所の人のイネは化学肥料が切れて葉色がスーッとさめてくる。半不耕起イネも、近所の人ほどではないが、やはり葉色が少しさめる。ところが冬期湛水イネは青々としたまま出穂を迎える

藤崎さんの不耕起冬期湛水イネ
葉色５、茎数30本。10月に米ヌカ50kg、4月にミネラル豊富な棚倉の土40kgを入れた

半不耕起イネ
葉色4.5、茎数22本。4月に米ヌカ60kg、クズ大豆50kg、米の精（白ヌカ）40kg、棚倉の土40kgを入れ、ドライブハローで5cmだけ耕した

近所の人のイネ
葉色３、茎数24本。元肥にオール14の化成肥料40kg、活着肥にチッソ1kg入れた

田んぼに入ってみると、一瞬ふわっとマットの上に乗ったような感触の後、ブチブチッと根が切れる感じ。そっと上の土を分けてみると、トロトロの土の中に細いふわふわの根が張り巡らされているのがわかる。冬期湛水イネの葉色が落ちないのは、このトロトロ層がやはり肥料を生み出しているせいだろうか

人間が肥料をいつ頃どれくらいやって、防除はいつ頃やって…という「稲作技術」とはまったく違う田んぼの管理が必要になった。現在、藤崎さんと岩澤さんは、「田んぼの生きものとのつきあい」をまず考え、その中でうまくイネを育てるための新しい技術を一生懸命考えている。

生きものを増やすためには、できるだけ耕耘はしないほうがいい。収穫後はまだ暖かいうちに早く水を入れたほうがいい。秋にやる米ヌカは肥料というよりは生きものにエサをやる感覚。逆に出穂後は早めに水を抜き、イトミミズの活動を抑えて肥効が出過ぎないようにしたり、増えすぎるアゾラを抑える方法も考えなければならない…。二人は新しい「稲作技術」を目を輝かせて語ってくれた。そんな「生きものがつくる米」を買う人も後を絶たない。（カラー口絵もご覧下さい）

現代農業二〇〇五年十月号
秋に米ヌカをまいて、水をためた不耕起田
生きものいっぱいの田は肥料がいらない

上は不耕起冬期湛水イネ、下が半不耕起イネ。同じ苗を同じ日に植えた。試しに1本ずつに分解してみたら、冬期湛水イネが3号分けつから始まっているのに対して、半不耕起イネは4号分けつから始まっていた。実際数えると、冬期湛水イネは半不耕起より分けつの早いものがけっこうあった

登熟のよい大きな穂、魚や鳥も増やす
耕さない田んぼの生産力

宮城県田尻町・小野寺実彦さん（編集部）

不耕起栽培のひとめぼれ。大きな穂を隠すほどのマコモのような葉が立っている（倉持正実撮影、以下Kも）

小野寺実彦さん。「昨年から今年にかけて、冬のあいだ水を張ったここの不耕起田に白鳥とガンが飛んできたんです」（K）

不耕起田には完熟堆肥より生堆肥

五月下旬、不耕起田植えをしたあとのイネのあいだには、黒っぽい腐れた色の前年の稲株がポツポツ顔を出している。この株にもっと目を凝らすと、断面を水面上にさらしたワラにまとわりつくように、緑色の藻が付着しているのが見える。水中に沈んだ切りワラにも着いている。藻はワラを包むようにだんだんに丸く広がって、大繁殖するとそれが全部つながって、絨毯みたいに水面を覆う。これはサヤミドロという藻だそうだ。

サヤミドロは、田植え後の低温のときに繁殖するアオミドロと違って夏まで生き残る。むしろ、六月、七月とどんどん殖えていく。

「その栄養源になっているのは生ワラだ」そう思ったのが、小野寺実彦さん（四六歳）が春先に牛糞の生堆肥を不耕起田にまくようになったきっかけだった。牛舎からかき出したままの、牛糞と敷料のモミガラが混じっただけの生の堆肥を反当約一t散布する。

生産組合の三軒でつくる田んぼは二〇町歩。そのほとんど全部が不耕起栽培だ。小野寺さんは、イネをつくるほかに和牛約二〇〇頭の肥育もするので、イネ刈り後のイナワラは、田んぼに散らさないで牛のために引き上げる。だから、生堆肥施用はそのワラの代わりというつもりもあった。

かつてふつうに耕していた頃も、ワラの代わりに堆肥を入れていた。でもそれは、生ではなくて完熟した堆肥。生堆肥を土中にすき込んでは、田んぼがわいてイネの害になるからだ。

ところが、不耕起では三〜四月に表面にま

くだけだから、イネの根には影響ない。むしろ、牛舎から出してすぐの生堆肥のほうが、完熟堆肥よりも微生物を増やし、ミジンコを増やし、サヤミドロのような藻類を繁殖させるのに役立つらしいのだ。

肥料になる、抑草に働く、酸素を供給するサヤミドロ

繁殖したサヤミドロは翌年の肥料になる。微生物が繁殖し、年々有機物が蓄積していくからか、不耕起田はだんだんに土が肥えてくる。小野寺さんが不耕起栽培を始めて五年になるが、当初はチッソ成分で一作に反当六〜七kgやっていた肥料は、今では年にわずかチッソ二kgですんでいる。市販のペレット状有機肥料（チッソ成分五％）で元肥二〇kg、本葉六葉期頃と出穂二〇日前頃の追肥が一〇kgずつだけ。このほかに生堆肥一tが入るけれど、購入して入れる肥料の量はかつての三分の一まで減ってきた。

水面や水中にサヤミドロが広がれば、イネの害になる雑草を抑える効果も期待できるはずだ。小野寺さんはそう思った。しかし今年、不耕起田一枚に除草剤をまかないでみた結果では、サヤミドロの繁殖は雑草の発芽・生長に間に合わず、田んぼの中を手取りして歩くことになった。来年は、生牛糞に加えて米ヌカもまいて、もっと早くからサヤミドロなどの藻類を増殖させられないかと考えている。

もっとも、後述するように不耕起栽培のイネの根は下に向かって深く伸びるので、ふつうのイネに比べると雑草の影響は受けにくいという。ふつうの田んぼなら、赤くなって縮んだような姿になるくらい草があっても葉色が落ちない。茎もそれなりに太くなるし、葉も大きくなる。

また、不耕起田に繁茂するサヤミドロなどの藻類は、田んぼの水にたくさんの酸素を供給していることが、宮城教育大学と仙台市科学館の研究で明らかになりつつある。

夏でも酸素が豊富な水だから、中干しの必要はない。小野寺さんの水管理は、イネ刈り半月前の九月十日頃まで、一〇〜一五cmにずっとためっぱなしだ。田んぼを耕さないから、それでもコンバインでのイネ刈りには困らない。

サヤミドロ。アオミドロと違って繊維がしっかりした感じの藻類（K）

不耕起イネは空間を縦に利用する

酸素が豊富な水、それに年々増える根穴の効果だろうか。不耕起イネの根は、収穫時期まで白くて活力が高い。また発根したばかりの根が、耕されていない土に突き当たるためなのか、太くなる。そして、根が太いからなのか、根穴を伝うことができるからなのか、不耕起イネの根は株の下に深く伸びる、というのが小野寺さんの見方だ。

一方、太い根が下に伸びるのと呼応するよ

これはサヤミドロとは別の藻類か？　豊富な緑藻類が水の酸素を増やす（K）

うに、地上部は茎が太く、大きな葉が天に向かって鋭く立つ。

地下では空間を下に利用することで根が過密になることを防ぎ、地上では葉を立たせることで日当たりを良くし、光合成を盛んにする。おかげで、ふつうに耕すやり方と比べて穂が大きくなるし、モミ一粒一粒の粒張りも良くなるという。イネの活力が高いから、殺菌剤・殺虫剤を使わなくてすむ。

小野寺さんも試したことがあるが、三〇cmの株間で一本植えをすれば、茎は太くなるし穂も大きくなる。株間が広いから、もちろん日当たりも良い。イネは横に張るような豪快な姿。ところが不耕起なら、株間を極端に広げなくても、穂は大きくなるし、登熟も良くなる。活力の高い根と、いわば空間を縦に有効利用するようなイネの姿が、それを可能にするというのだ。

下に向かう根に呼応するように、大きな葉が上に向かって立つ（K）

不耕起イネの根は下に向かって深く伸びる。かつての耕盤も突き破って、地下50cm以上のところ（青いピン）まで確認できた（香川・吉田博さんの田、岩下守撮影）

ふつうのイネ　不耕起イネ　疎植イネ

不耕起栽培のイネは、根を深く伸ばし、大きな葉を立てて、空間を縦に有効利用して登熟の良い大きな穂を着ける

小野寺さんは、プール育苗でつくった成苗を坪六五株に植えている。株間は一般のイネとたいして変わらない。ところが、イネの姿、穂の大きさは全然違う。ひとめぼれでもササニシキでも、ふつうのイネのモミ数は一穂平均七〇粒くらいのもの。だが不耕起栽培では一穂平均一二〇～一三〇粒は着く。しかも、ふつうは二一・五～二二gのひとめぼれの千粒重が二四gにもなる。とくに追肥を張り込んでいるわけではない。イネの力で自然にこうなる。

昨年の宮城は秋の天候が悪くて、収量や品質を落とした田んぼが多かったが、不耕起のササニシキとひとめぼれは平均九俵穫れた。地域の平均に比べると一俵近く多い。

株間を広げなくても、追肥を張り込まなくても穂が大きくなるということは、収量が上がる可能性が高いということでもある。小野寺さんは、食味が気になるので、一株の穂数は一八本くらいでいいと思っているけれど、追肥を増やして穂数を稼げばもっと多収も狙える。

コイも金魚も ビックリするほど成長

イネだけではない。有機物と酸素が豊富な田んぼは、さまざまな小動物を育む力も大きいようだ。排水路から上がってくるのか、ドジョウやフナが見られることもある。

除草効果も期待してコイと金魚を放したら、二〇cmで放したコイが三〇cmに、二～三cmの金魚が一五cmにもなった。ビックリするほど大きくなるのだ。しかも金魚の赤色の鮮やかなこと。近くの幼稚園にプレゼントしたほか、生産組合の直売所に飾っておいたら、欲しいというお客さんが何人もいて売り切れてしまった。

金魚は、今年も一反四畝の小さな田んぼに五〇〇尾ほど放してある。イネが大きくなってからはよく見えないが、どうも田んぼで稚魚が生まれたらしく、一〇cmを超えた親に混じって、数cmの小さいのがイネのあいだにときどき赤く見える。

白鳥は不耕起田が好き

昨年から今年にかけての冬は、近くの伊豆沼や蕪栗沼に飛んでくる白鳥やガンのエサ場にするために、三枚合わせて二町歩の田んぼに水を張ってみた。パイプラインからは水が来ないので、排水路からポンプで引き揚げた。

小野寺さんが子供の頃、この辺の田んぼはみんな湿田で、冬のいちばん寒いときはスケートができた。冬の田んぼには、白鳥やガンが降りるのが見られたし、カモもいた。それが見られなくなったのは、基盤整備で乾田化が進んでからだ。小野寺さんはもう一度、鳥が集まる田んぼをつくってみたかった。

期待したとおり、二町歩の田んぼには白鳥が二〇七羽、ガンが六〇～七〇羽やって来た。不耕起の田んぼをとくに好むのは白鳥だった。もともと、沼に生えているマコモの地下茎などを好んで食べる白鳥は、不耕起田の太い稲株をつついて、茎元にあるヒコバエ（分けつ）の芽を食べるらしいのだ。ふつうのイネより茎が太いぶんデンプンがたくさん残っているだろうし、根の活力が高いから、栄養価の高い、生きている芽が多いのかもしれない。

だから、白鳥のエサになる稲株を寒さと乾燥から守るために、イネ刈り後、できるだけ早くから水を張ったほうがいい。そして秋耕はしないことだ。

三月初めになれば白鳥もガンもいなくなるので、それから落水しても、田植えまでは二カ月近くある。耕耘・代かきをしようと思えばやれないことはない。まして小野寺さんのような不耕起栽培なら、田植えまで放っておくだけ。周辺の田んぼの持ち主に呼びかけて、いずれは合わせて五〇～六〇町歩に冬も水を張りたい。

冬のあいだも湛水することで、不耕起栽培でやっかいなスズメノテッポウの除草が必要なくなるという利点もあった。

いずれは田んぼに魚の越冬池も

「白鳥が飛ぶときは、まず風上に向かって走って浮き上がる。それから必ず旋回して、追い風を利用してスピードを上げてさらに高く舞い上がる。体が大きいから、ジャンボ機が飛び上がるのを見ているみたいだった」と小野寺さん。飛び立つのがいて、降りるのがいると、田んぼは飛行場のようだったという。ずっと眺めていてもあきない。孫を連れた近所のおじいさん、おばあさんもよく見にやって来た。

小野寺さんにはもう一つアイデアがある。田んぼの端にフナやコイやドジョウの越冬池を掘ることだ。

白鳥やガンを呼ぶのに水を張るといっても五cmほど。深すぎては風に流されて、白鳥は稲株をうまくつつけない。それに鳥がいなくなれば落水する。これではドジョウはともかくフナは越冬できない。一年中、田んぼに居続けられれば、田んぼの生き物はもっと増えるだろうし、もっと大きくなるかもしれない。

現代農業一九九九年十月号
耕さない田んぼの生産力

半不耕起にすればその年から生きもの豊かな田んぼに変身！

岩手県藤沢町・千葉政治さん（編集部）

田んぼにコオイムシ

千葉政治さんの田んぼには、コオイムシがたくさん出る。その名の通り、卵を背中に背負った変わった虫だ。タガメの仲間で、タガメと同じように肉食だけど、タガメほど大きくならない。せいぜい二cmくらいの身体で、小さいカマを振り回している。

千葉さんの田んぼでは、代かきの頃、畦際に寄ったワラをよけると、ゲンゴロウだのガムシだのと一緒に、コオイムシがたくさんいる。春先にメスがオスの背中に卵を産み付けるらしく、春から夏は卵をしょっているが、秋遅く、ワラ立てをする頃に見かけると、もう背中の卵はない。

山のそば、自然がいっぱいのところで育った千葉さんにとって、コオイムシは別に珍しい虫というわけでもなかったが、他の人の田んぼではまず見かけない。千葉さんの田に現れたのも、五年前、半不耕起栽培を始めてからだ。

これがコオイムシだ！　タガメの仲間だが、タガメほど稀少種ではない。イベントに持って行ったら黒山の人だかりになった（倉持正実撮影、以下Kも）

孫に源氏ボタルを見せてやれた

コオイムシが多いということは、田んぼにそのエサになる生きものが多いということだ。千葉さんは、コオイムシは主に、ドジョウを食べているのではないかとにらんでいる。千葉さんの田には、また極端にドジョウも多いからだ。

半不耕起の田が一・四町、仲間で買った不耕起田植え機で植える完全不耕起が八反。どちらの田も同じように生きものが多い。ミジンコから始まって、トンボのヤゴ、ミズスマシやゲンゴロウ、タイコウチもいる。エサが多いせいなのか、ここ二年ほどは、千葉さんの田のそばの水路で、源氏ボタルとおぼしきものが見られたのには感動した。孫にもホタルを見せてやることができて、よかったなーと思う。

表層のワラ、そしてサヤミドロ

田んぼで生きものを増やすのに大事なのは、千葉さんはワラだと思っている。農薬や除草剤などをあまり使わないようにするのは大前提だが、必ずしも完全無農薬でなくても、ワラさえあれば生きものは出るように感じる。

不耕起田ではサヤミドロがマットのように分厚く繁殖する（K）

千葉政治さんは排水口にこんなふうにアミをつけてドジョウをどっさりとった

半不耕起や完全不耕起で、ワラを土の中に入れず、表面に残しておけば、それだけで藻類のサヤミドロが田んぼ一面に広がる。サヤミドロはどうも、発酵させたボカシや生の緑肥などよりも、イナワラやモミガラなどのガサガサと乾いた有機物が好きなようなのだ。

サヤミドロが一面に、マットのように分厚く広がると、田んぼの中の環境はおそらくまったく違ったものになってしまう。サヤミドロのマットをすくってみると、そこにはヤゴやミジンコやコオイムシや、その他わけのわからないいろんな生きものが一緒にごっそりついてくる。生きものたちが安心して棲める環境ができあがるのではなかろうか。

さらに、サヤミドロの光合成力のおかげで、田んぼの水は酸素たっぷり。表面のサヤミドロをよけてみると、そこにはホントにきれいだなーと思える水があって、生きものたちはさぞや気持ちよさそうだ。それが証拠に、こういう田んぼのイネは、中干しもせずずっと水を溜めっぱなしなのに根が真っ白。生きものが多い田のイネは、根腐れせず、病気に強く、収量も安定するというわけだ。

トロトロ層をねらわない半不耕起

だが、一口に「半不耕起」といっても、やり方はいろいろだ。何回も代かきしてトロトロ層をつくるような人の場合は、ワラが中に入ってしまってサヤミドロはあまり増えないだろうと千葉さんは思う。千葉さんの半不耕起は、刈り跡そのままの状態で春を迎え、水を入れて四～五日したら、ドライブハローでいきなり一回耕うん、そのまま田植えしてしまうやり方だ。あくまで表面にピンピンとワラが飛び出ているような「見かけの悪い」田でないと、サヤミドロは増えないらしい。

こういう半不耕起だと、トロトロ層はできない。千葉さんは米ヌカ除草も試しているが、除草ミミズのエラミミズも、あまり出ない。

生きものが、米のお客さんも連れてくる

九九年の五月頃だったか、町の第三セクターが東京で物産販売をやるというので、千葉さんは不耕起米を持って参加した。不耕起栽培のパネル展示とともに、水槽に田んぼの生きものをすくって入れていったら、これが大受け。コオイムシがものすごく人気を集め、大人も子供も水槽に黒山の人だかり。「譲ってほしい」という人がたくさんいた。「五時になってイベントが終わったら、あげてもいいよ」といってみると、みんなそれまでちゃんと待っている！「へーえ、こんなものがねえ。そんなにいいものなのか……」千葉さんは、ちょっと感動。それまで「いるなあ」くらいにしか思わなかった田んぼの生きものに、急に目が向いた出来事だった。

最近不思議と産直の米のお客さんが増えているのは、千葉さんがこういう生きもののことを語るようになったせいかもしれない。

その夏は、一枚の田からドジョウをバケツ山盛り一杯とった。本当はもっともっといるはずだが、このくらいでも捕まえられれば上等だ。

とれたドジョウは近所の人や、米の販売でお世話になっている人にも分けてあげた。「こんなのがたくさんいる田んぼでとれる米なのか」と、米の人気がさらに高まったことは、いうまでもない。

現代農業二〇〇一年一月号
半不耕起にすれば、
その年から生きもの豊かな田んぼに変わるよ

不耕起はイネの根がつくる「根穴構造」を活かせる新農法

秋田県立農業短期大学・佐藤照男

イネに必要な土壌環境を根自身がつくりだす

最近、X線造影法により土の間隙（すき間）の立体的形態を投影像として観察することができるようになった。その観察の結果、次のようなことがわかってきた。

イネの根が活性根のときは、一次根から側方に分岐した多数の分岐根は土壌基質の中から溶液を吸収し、一次根へと送る。一次根は水分や養分を地上部へ押し上げる通路である。そして活性根が腐朽して根穴となり、孔隙化した後は全く逆の機能として土壌に還元される。つまり、一次根が腐朽して孔隙化した跡は上から下への通気、通水路として、分岐根跡は保水孔隙（根毛跡も含む）への通路として働くものと考えられる。

まさに「土は生きている」という言葉どおり、土の中には人間の脳神経や血管組織と同じように、太い根穴、そこから分岐した細い孔隙が網目状にあらゆる方向に走り、かつ、連絡しあっている。このようにイネの根が腐朽して形成される根穴（根成孔隙）は水田土層に濃密に分布している。そして、土の中の水や溶質（溶けている物質）などの通路として、また空気（酸素）の移動や水の保持といった重要な機能に重大な関わりをもつ。

このように、イネはその生育に必要な土壌環境を根自身がつくりだしているものと考えられる。土の中には無数の微生物が棲息しており、なかでも土中の根が腐食分解したあとに残ったこの根穴は、好気性の土壌微生物にとっては好適な棲息環境にあるものと考えられる。ここでは水や酸素の供給も活発であるから、好気性の土壌微生物はその活性を高め、動・植物遺体の分解作用が促進されるなど化学的変化にも少なからず影響を与えるものと思われる。また、土中にこのように網目状に発達した根穴構造は、物理的に物質のフィルターとしての浄化機能をもちうるものと思われる。

このように考えてくると、八郎潟干拓地のような低湿重粘土水田では耕起・代かき、深耕などは、土壌の練返しによって土壌構造を破壊し、イネの根がつくる根穴（根成孔隙）構造の連続性を破壊していることになる。このことが圃場の排水不良の一因になる場合が多い。したがって、イネの根がつくる土壌孔隙構造をうまく活用する農法こそ追求されるべきである。

団粒構造と同様の機能を持つ根穴構造

第1図は一般にいわれている団粒構造の模式図である。団粒間の大きい間隙（団粒間間隙）は降雨や灌がい水が通って速やかに下方に移動する。引きつづいて大きい間隙は空気で満たされる。つまり団粒間間隙は通水、通気機能をもつ。一方、団粒内部の間隙（団粒内間隙）は小さく、かつ大きな間隙と連続していないので（大きい間隙は空気で満たされている）、小さい団粒内間隙を水が下方に移動することはない。つまり団粒内の小さい間隙は保水機能をもつ。

このような団粒構造は「水もちがよい」「水

はけがよい」という相反する性質をかねそなえた土としてすぐれた土壌構造といわれている（岩田、一九八九）。

これに対して、第2図は根穴（根成孔隙）の模式図である。鉛直方向の太い孔隙（孔隙径一～二㎜）は、雨水や灌がい水などが土壌へ浸入していく路と考えられる。一方、水平方向の細い孔隙（孔隙径五〇ミクロン以下を指す）は、途中で毛管力の作用により水を吸収して、土壌をうるおし保水孔隙として機能するものと考えられる。さらに過剰水は鉛直方向の太い孔隙の中を重力によって下方へ移動し、排除される。引きつづいて粗孔隙は空気で満たされる。鉛直方向の太い孔隙は通水、通気孔隙として機能する。

根穴は土層中に三次元的連続性をもった立体管路網構造であり、土壌基質全体への水や空気（酸素）を均一に、しかも迅速に送配できるよう保障するシステム的機能構造をもつ。このように土層中に濃密に分布する根穴は、団粒構造と全く異なる構造でありながら、団粒構造と同様な機能をもつものと考えられる。しかも団粒構造は農地土壌の表層部一五～二五㎝の作上層どまりであるが、根穴構造は下層まで広範囲にわたり分布する。

第1図　団粒構造の模式図

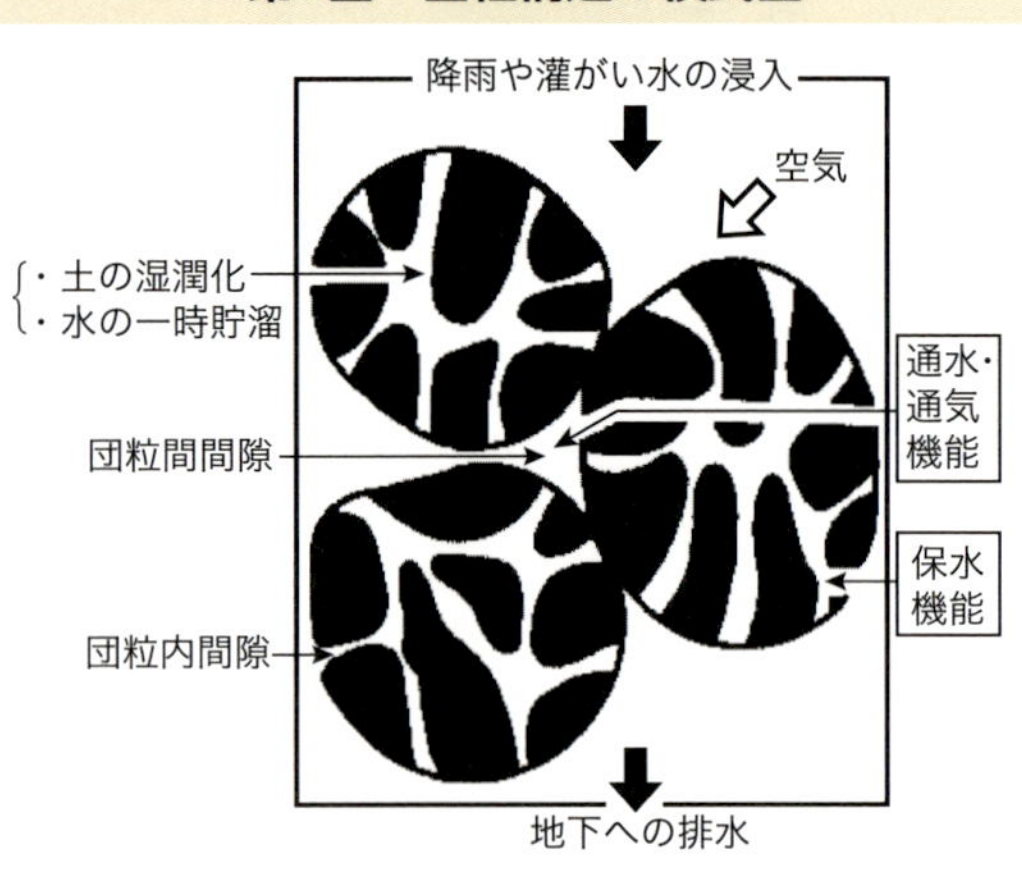

第2図　根穴構造の模式図

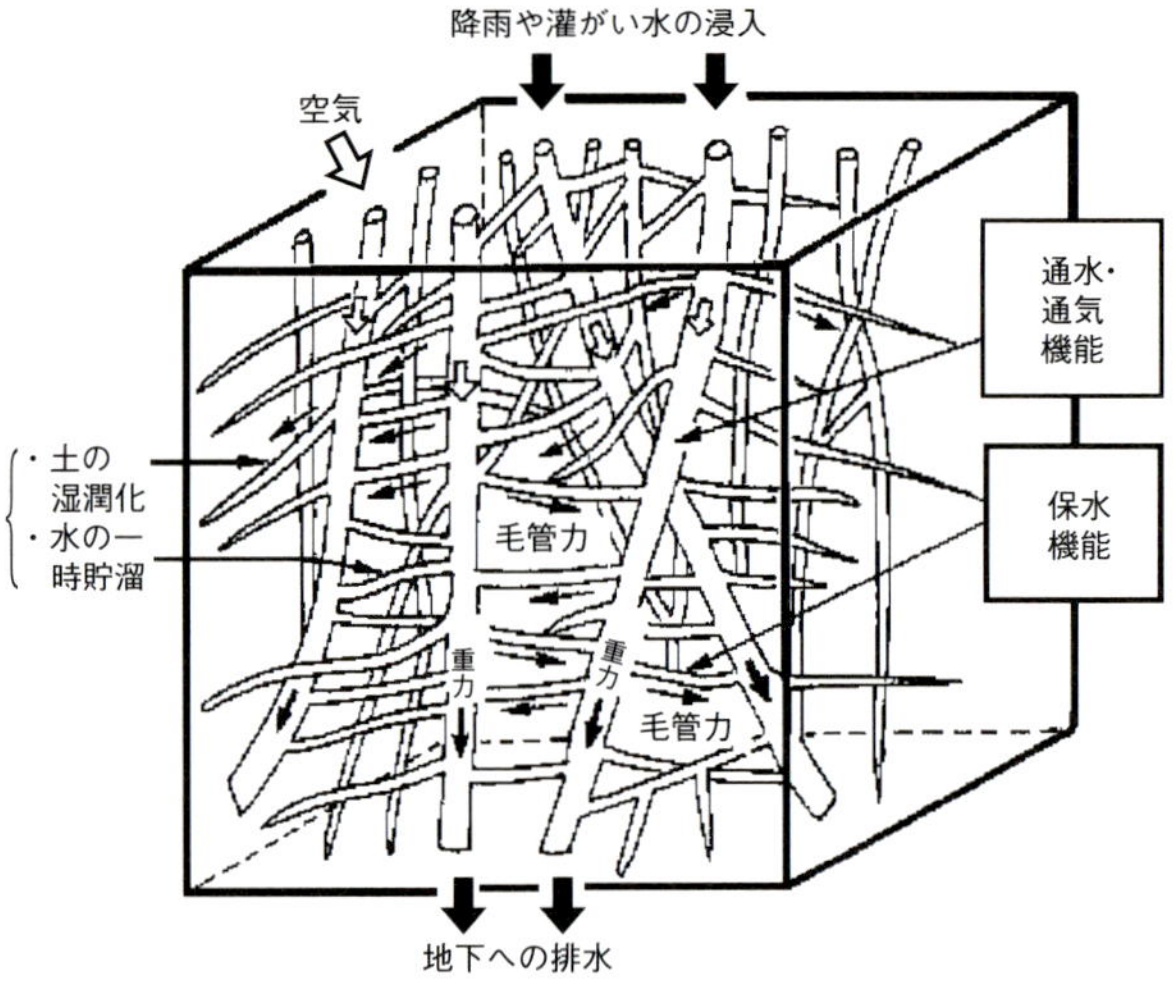

不耕起田の特徴

秋田県大潟村の山崎政弘氏の水田一～一・二五haについて、田植え前の耕起・代かきを省略した不耕起田（面積二〇a）と耕起・代かきを行なう慣行栽培の耕起・代かき田（面積一・〇五ha）を試験圃場に設定し、平成元年より水稲の試験栽培を開始した。試験圃場はヘドロ層が厚く、強グライ土水田で強粘質還元型の排水不良田である。

▼地下水位が低く、地耐力が向上する

試験栽培三作目が経過した。不耕起田の地下水位は仕切りがないにもかかわらず耕起・代かき田に比べて常時低い状態で経過している。また、表層部の地耐力の向上がみられる。

▼排水性に優れている

不耕起田は暗渠管からの排水量が多く、地盤浸透量が大きく、圃場の排水性に優れている。また、土壌断面調査の結果では不耕起田は酸化層が厚く、グライの出現位置が低い。地温も作土層でわずかながら高めに経過する傾向にある。

▼圃場が乾燥し、透水性が大きい

圃場含水比（しめりぐあい）の減少、仮比

重（土のつまりぐあい）の増加など圃場の乾燥化が進行し、根穴（根成孔隙）の発達量が多く、透水性も大きい。さらに不耕起田は土壌小動物が多く観察され、好気性の土壌微生物などを含めて、土壌小動物の棲息環境として適しているものと推察される。

▼根穴が多く、根の伸長・発達が良好

写真のAは試験栽培一作後の不耕起田、作土層、深さ一〇cmの土壌間隙のX線造影像である。間隙の形態は土中にイネの根が腐食分解して残った根穴がしっかり保存されている。これに対して、写真のCは同深度の耕起・代かき田の間隙像であるが、耕起作業や乾燥収縮による小亀裂が圧倒的に分布し、根穴が一部混在する複雑な間隙構造である。

写真のBは心土層、深さ三〇cmの不耕起田、Dは同深度の耕起・代かき田の孔隙像である。試験栽培一作後のものであるが、不耕起田のほうが根穴（根成孔隙）の分布量が多い。つまり、耕起・代かきを省略した不耕起田のほうがイネの根の伸長、発達が良好であることがわかる。

写真　不耕起田と耕起・代かき田の根穴構造のちがい

耕起・代かき田

不耕起田

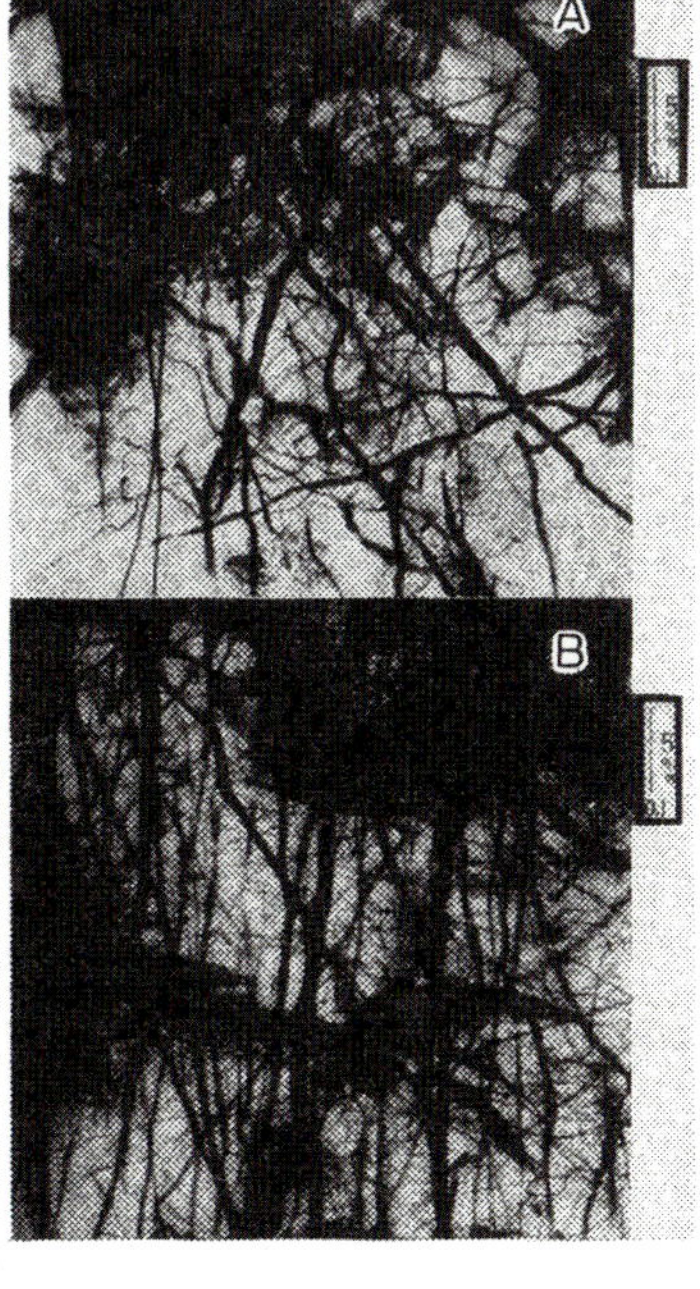

土の中に造影剤を流し込んでX線で立体的に撮影したもの。黒い部分が土壌のすき間。実際の写真は簡易実態鏡を使うと立体的に見える

不耕起イネの生育と収量

▼根は白く太い

不耕起田の作土層は土壌硬度が大きく、ち密で硬い土層である。このためイネの根の伸長、発達の阻害が懸念されたが、実際は不耕起田の方が根の伸長、発達が良好で根株が太い。根は白く、若々しく太いのが特徴的である。これに対して、耕起・代かき田の根は赤く、細く、ちぢれており、根の発達量も少ない。このように両者の根の生育に相違が認められるのは、不耕起田の方が根穴の跡などの粗孔隙が増加していることによって栽培期間中の土層の酸化、還元状態など土壌条件のちがいが影響しているためと思われる。

▼秋まさり的生育で収量も年々増加

また、試験栽培二作目、三作目の生育・収量調査では茎数、茎の太さ、穂数、収量などはいずれも不耕起田のほうが耕起・代かき田に比べて優った。不耕起栽培は慣行栽培より土壌チッソの発現量が少なく初期生育が劣る

が、イネの根は生育後半まで健全で活力が高く、秋まさり的生育をするのが特長である（金田、一九九一）。

　試験栽培三作目の不耕起田のイネの生育は良好で、相当な収穫量が期待できたが、刈取り直前に平成三年の台風一九号の影響を強く受けた。しかしながら一〇a当たりの実収量は不耕起田（五八九kg）のほうが慣行栽培の耕起・代かき田（五七八kg）より多かった。試験栽培初年を除いて二作目、三作目と二年連続で不耕起栽培が慣行栽培より高い収量で、また、不耕起栽培により年々、収穫量が増加する傾向にあることは大きな意義がある。

不耕起栽培の利点とその意義

　八郎潟干拓地のような低湿重粘土水田をはじめ、東北、北陸の裏日本に広く分布する地下水位が高く、強粘質還元型の排水不良田では不耕起栽培は次のような効果が期待できる。

　（1）耕起・代かきの省略によって労働が軽減される。また化石燃料の消費が抑えられ、さらに省力化による低コスト稲作農業の確立、耕起・代かき作業期間内の他作業との競合の回避が期待できる。

　（2）根穴（根成孔隙）が破壊されずに土中に保存されるので、地下水位の低下と圃場排水の改善、また、地耐力の向上による管理作業やコンバイン収穫作業が容易となる。

　（3）不耕起栽培による低湿重粘土の通水性、通気性、保水性の向上でイネの根の伸長と根張りがよくなり、また中干しによる大キレツの発生が抑制され、根の切断を防ぐことができる。またヘドロ地盤の土壌改良、土層改良など土壌管理技術の確立、また、暗渠の排水機能の向上とその効果の長期化などが期待できる。

　（4）低湿重粘土水田では不耕起田のイネ後作の麦や大豆など、畑作導入が有利となり、田畑輪換圃場としての輪作体系の確立のうえで意義が高い。

　（5）大区画水田では前作の切株で強風による波立ち、水の片寄りによる幼苗の浮き苗、ころび苗の防止ができる。

　（6）不耕起田は代かき水が流出しないので、肥料の流亡や懸濁水（にごり水）の流出が少なく、水質汚染も少なく、かつ作土層に発生するメタンガスの量も少ないなど、環境保全型農業の確立が期待できる。また、土壌小動物など生態系に優しい、エコロジー的農業の展開も期待できる。

新農法確立へ向けて

　（1）前作の秋から春にかけて繁茂するスズメノテッポウなどの冬雑草の防除技術の確立。現在は接触型非選択性除草剤（ラウンドアップなど）による湛水前の除草が行なわれている。ただし不耕起移植後の雑草の発生は不耕起田では田面がイナわらで被覆されているので慣行栽培の水田より少ない。今後は雑草の生態的防除方法の確立など無農薬自然農法と不耕起栽培をドッキングした新農法の確立が課題である。

　（2）不耕起栽培に合致した肥料の開発とその省力施肥管理技術の確立。

　（3）大区画水田に対応できる高精度の不耕起田植機械の開発。

　（4）不耕起田栽培の連続年数と適応圃場条件の解明、田畑輪換圃場の作付け体系の確立。

　等々があげられる。

大潟村をはじめ全国各地で不耕起栽培の早期の実用化が期待されている。

現代農業一九九二年三月号
不耕起はイネの根がつくる〝根穴構造〟を活かせる新農法

Part5

タネを買うのをやめたら…

自然農法に欠かせない！　タネは自家採種を繰り返すほど力を発揮する（132p）

自然農法に欠かせない！

タネは自家採種を繰り返すほど力を発揮する

茨城県取手市・佃 文夫

子どもを抱いているのが筆者。妻と2人の子どもと。左端はよく手伝いに来てくれる消費者の本田さん。後ろはダイコン畑

私は、茨城県取手市で秀明自然農法に取り組んで一八年目になります。㈱秀明ナチュラルファーム足立という会社組織になっており、水田約八町、畑約四町を六名で運営しています。米を中心に各種穀物加工品や野菜を生産し、私は野菜を担当しています。収穫した野菜は約一二〇世帯に週一回宅配し、一町三反の畑で年間約五〇品目をほぼ自家採種で栽培しています。

秀明自然農法とは故岡田茂吉師の提唱する農法で、自然尊重・自然順応の理念にもとづき、農薬や肥料を使用せず自然の力だけで作物を栽培します。自然に順応して栽培するには、肝心の土とタネが清浄で健全でなければ力は発揮されません。ですから自家採種は、秀明自然農法に取り組むうえで欠かせない重要な要素といえます。それだけですべてを語ることはできませんが、以下、自家採種の観点からこの農法を紹介させていただきます。

コマツナ（自家採種一三代）
―虫でボロボロの山東菜の隣でも平気

毎年コマツナをつくっていますが、自家採種代数が一〇代を超えるコマツナがあります。何年か前の話ですが、そのコマツナのそばに購買種の山東菜（固定種）をつくりました。すると山東菜は、一〇～一五cmの大きさになったころに虫がついてボロボロになってしまいましたが、コマツナのほうは平気でした。すぐそばにあるので虫がついてもよさそうなのですが、つかないんです。もちろん、まったく虫がいないわけではありませんが致命傷になることはありません。

これは自家採種と購買種との比較ですが、自家採種であっても適期に播くかどうかで結果は違ってきます。早く播いて虫に食われた

自家採種を繰り返してきたコマツナ。虫がつきにくい

コマツナのすぐそばで、適期に播いたコマツナがきれいなままでいるというのはよくあります。

つまり、虫がいるから虫がつくのではないということです。虫はいても、つくものとつかないものがあるんです。子どものころ、冬になると風邪が流行って学級閉鎖になることがありましたが、そんなときでも平気な同級生は、たいていは冬だというのに半袖半ズボンでやたらと元気がよかったものです。野菜でも、元気なやつ、健康なやつは、病気にならないし虫もつかないんです。

コマツナの畑

だから、私は虫取りはしません。虫のせいにしているうちは根本的な解決はできないからです。多少は食われても、致命傷になることはない。こんな健康な作物をつくるには、自家採種で健康なタネをつくることが大切です。

ダイコン（自家採種一〇代）
―初期は不揃いでゆっくり、降霜後はF_1と逆転

数年前に自家採種のダイコンとF_1のダイコンをつくり比べてみたことがあります。初期生育の段階では、F_1ダイコンの生育のスピードが速く形も揃っているのに対して、自家採種のダイコンは不揃いで葉の色は薄く生育もゆっくりとしていて、差は歴然としていました。十一月になると、F_1ダイコンはある程度肥大して収穫も間近なのに対して、自家採種はまだまだでした。

ところが、その年は十一月中旬に急に気温が下がり霜が降りました。するとF_1はピタリと生長が止まったのに対し、自家採種のほうは霜などまったく問題にせず、じわじわと生長を続け、F_1をしのぐ大きさにまで生長したのです。寒さに強いので長期間にわたって出荷できたうえ味もよく、自家採種の環境適応能力の高さを示しました。

知人とタネの交換をすることがありますが、「このタネはお勧めだよ」といわれてもらったのに、まったくパッとしないことがあります。しかし、そのタネから自分の畑で採種して翌年挑戦するとよくできるという体験をすることがしばしばあります。自家採種を続けることで、タネがその畑の環境を学習し強くなっていきます。

ジャガイモ（自家採種一九代）
―つくりやすいアンデスが、味も乗ってきた

ジャガイモは、うちではアンデスをつくっ

ジャガイモのアンデス。自家採種を繰り返すことでおいしくなってきた

ています。ジャガイモもいろいろな種類がありますが、アンデスは強くてつくりやすいので、知人から種イモをもらって以来、七～八年くらいつくっています。自家採種で春と秋につくっていますので自家採種代数は一九代になります。

丈夫でつくりやすいのはよいのですが、正直なところ味はやっぱり男爵のほうがおいしいかな、と初めは思っていました。しかし四～五年たったころでしょうか。味が乗ってきたというのか、おいしくなってきたのです。今では提携先の方にもたいへん好評で、すぐなくなってしまいます。

また、特筆すべきは連作が可能なことです。連作しているところとそうでないところがありますが、常に連作のほうがよくできます。

採種のしかた

採種のしかたにはいろいろありますが、全部説明するときりがないので、これも三品目について説明します。

アブラナ科

交雑しやすいものは年ごとに採種品目を変える

九月にタネを播いてそのまま越冬させると、四月にきれいな菜の花が咲き、六月にはタネが採れます。

アブラナ科の採種で注意しなくてはならないのが交雑です。ただし同じアブラナ科でも、交雑する組み合わせとしない組み合わせがあります。コマツナ、ミズナ、カブ、ハクサイなどは互いに交雑しますが、これらはキャベツやブロッコリー、カラシナとは交雑しません。交雑の可能性がある野菜の近くでタネ採りしなくてはならないときは、株全体をサンサンネットで完全に被って交雑を防ぎます。

ネットはできるだけ通気性のいい素材を選んだほうがいいのですが、それでもいいタネはなかなか採れません。交雑は防げる代わりに、十分に熟れたしっかりとしたタネが採れないのです。

そこで私の場合は、今年はコマツナ、翌年はカブ、その次の年はミズナというように年によって分けて採ります。アブラナ科のタネは冷蔵庫や冷凍庫に保存すれば五年くらいは十分もちます。

また、はっきりとはわかりませんが、一三回自家採種しているコマツナは安定しているようで、今年近くでチンゲンサイの花が咲いてしまったのですが交雑は見られませんでした。自家採種の年数がある程度たつと交雑しづらくなるのか、形質が安定してくるようです。

ダイコン

ポイントは母本選別と刈り取り時期

ダイコンもハクサイなどとは交雑しませんが、ダイコンの採種で特徴的なのは母本選別です。十一月下旬～十二月上旬に、良いと思われるダイコンを選んでタネ採り用に植え替えます。大事なのは、どういうダイコンを母本として選ぶかですが、健康で形の良いもの

ダイコンの花

を選ぶのはもちろん、うちではあえて変わったものも混ぜています。いろいろな形質のものが混ざっていたほうが強くなるようです。偏らないようにバランスも考えています。

六月になるとタネがついてきます。刈り取りのタイミングは、しっかりと熟れてさやが茶色になるまでできるかぎり待ったほうがいいです。青いうちに刈り取るとタネが熟しきっていなかったり、なによりもさやが割れにくくて苦労します。しっかり熟れていれば、刈り取り後よく乾燥させてから足で踏めばパリッときれいに割れてくれます。その後、ふるいや唐箕にかけて選別し、湿気ないように気をつけて涼しいところで保管してください。

ダイコンの採種のポイントは母本選別と刈り取りのタイミングです。

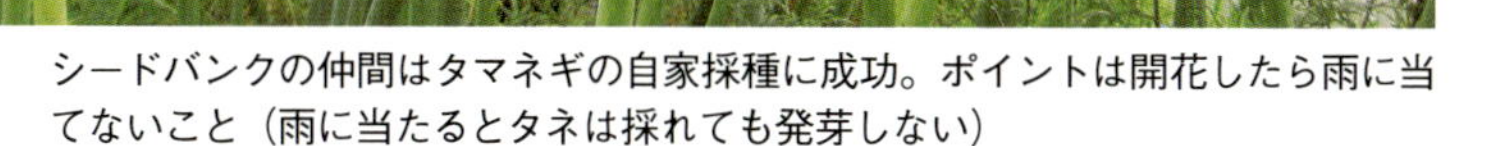

シードバンクの仲間はタマネギの自家採種に成功。ポイントは開花したら雨に当てないこと（雨に当たるとタネは採れても発芽しない）

ジャガイモ

植え付け直前まで種イモを掘らないでおく

ジャガイモは基本的に春秋の年二作です。年一作では種イモが弱ってしまいます。今年試してみたことですが、種イモはできるだけ掘らないでおいて植え付け直前に掘り、掘ったらすぐ植えるようにしました。それが良かったのかどうか、今年のジャガイモは収量も質もとても良く、まったくといっていいほど病気が出ませんでした。いつも掘り残して勝手に生えてくるジャガイモが植えたものよりよく育つのでそのようにしてみました。

その土地にあったタネは自家採種でできる

私は今、NPO法人、秀明自然農法ネットワーク（SNN）に所属しており、その種苗部で活動しています。種苗部では、SNNに所属する全国数百名の生産者やこれから始める人たちのためにタネを提供できるようにシードバンクを立ち上げようとしています。しかし、ただタネを配布するのが目的ではありません。あくまでも、各自が自家採種に取り組み、一〇〇%自家採種していくサポートのためのシードバンクです。

ここまで紹介したように、自家採種を繰り返すことでその土地にあったタネになっていきます。私は、個人的にも種苗業者登録をしており、自分のできる範囲ですが、タネを必要としている人に自家採種に取り組むという条件でお分けしています。健康で清浄な土とタネが秀明自然農法に取り組む上でまず基本となり、土とタネ本来の力が発揮されます。農産物が何ものにも代えられない命の糧なら、タネはその魂といえるでしょう。そしてその本来の輝きを取り戻すのが自家採種だからこそ、そこに喜びがあるのです。

(株)秀明ナチュラルファーム足立
http://www.snn.or.jp)

現代農業二〇一一年二月号
味よく病害虫にも強く
タネは自家採種を繰り返すほど
力を発揮する

究極の無農薬には自家ダネがいちばん!

宮崎県日向市・渡辺弘子

「旬のおかずや」は、自然食品と手づくり惣菜、旬の無農薬野菜を売るお店。私の野菜は惣菜の材料として使い、店頭の野菜は市内のおばちゃんたち4人につくってもらっている

耕すのをやめた

今から一〇年前、「旬のおかずや」という自然食品と手づくり惣菜、旬の無農薬野菜を売るお店を始めました。同時に畑を借りて、無農薬の野菜づくりも始めました（旬の農園と呼んでいます）。お店で売る野菜は近所の方に頼んで無農薬でつくってもらい、うちの畑でつくった野菜は手づくり惣菜の材料にしています。

野菜づくりを始めた最初のころは、堆肥をつくり鍬で耕していました。でも、お店が休みの土日だけの野菜づくりでは予定通りにいきません。どうしたものかと考えあぐねていたとき、奈良で不耕起・無農薬栽培をする川口由一さんの本とめぐりあいました。これこそ私たちにピッタリのやり方ではないか！　と思い、さっそく不耕起栽培を始めてみると思いもよらずよくできて、本当にビックリしました。

一週間おきに畑に行くと、驚きの声があがるほど、すくすくと見事に育ってくれています。畑を耕していたときと比べ、草とりもラ

私の「旬の農園」。不耕起・無農薬で10年目の畑の一部

クになり、鍬を使うのもタネをまくときだけでよいし、「野菜つくりって意外とラクラクできるのかもしれない」と思うようになりました（畑が一反くらいと狭いせいもありますが…）。

自分でタネを採る

もう一つ、金銭的にもラクしてみようと、つづけているのがタネ採りです。何よりも種子消毒をしないので安全だし、なぜかタネ採り野菜はおいしいこともあって、地ダネはもとより買ってきたタネをまいてできた野菜からもタネを採っています。

▼味・形・生命力を見て判断

私のタネ採りはとてもカンタン。味がよくて形がきれいで見るからに生命力のありそうなものからタネを採っています。キュウリみたいな、タネができる前に食べるものは、おいしかったキュウリの株に印を付けておいてタネを採ります。

タネ採りした果菜類のタネ。マクワウリ、大玉スイカ、白ナス、カボチャ、大玉トマト、ニガウリ、キュウリ

▼堆肥のまわりに植える

タネのまき方と肥料のやり方には、二通りあります。

カボチャやスイカ、ウリなどの成りものは長くつづけて肥料が必要なので、十一月ごろにタテ三m・ヨコ一・五m・高さ一mくらいの堆肥をつくり、雨よけをのせて五カ月くらいおいて四月になるころ、そのまわりに六株くらいの苗を定植するか、タネを直接まきます。

堆肥は、草と土にナタネ油カス・ゴマ油カス・米ヌカなどを二～三俵、植物性のみを交互に積み重ねたものです。まかれた野菜は生育にしたがい堆肥のほうへ根を伸ばし、堆肥の分解に合わせておだやかに肥料が効くせいか、追肥しなくてもよく育ちます（ヒョウタンカボチャは一株に五〇個とれた）。

カボチャやスイカなどの成りものは堆肥のまわりの不耕起畑にタネをまくか、植える

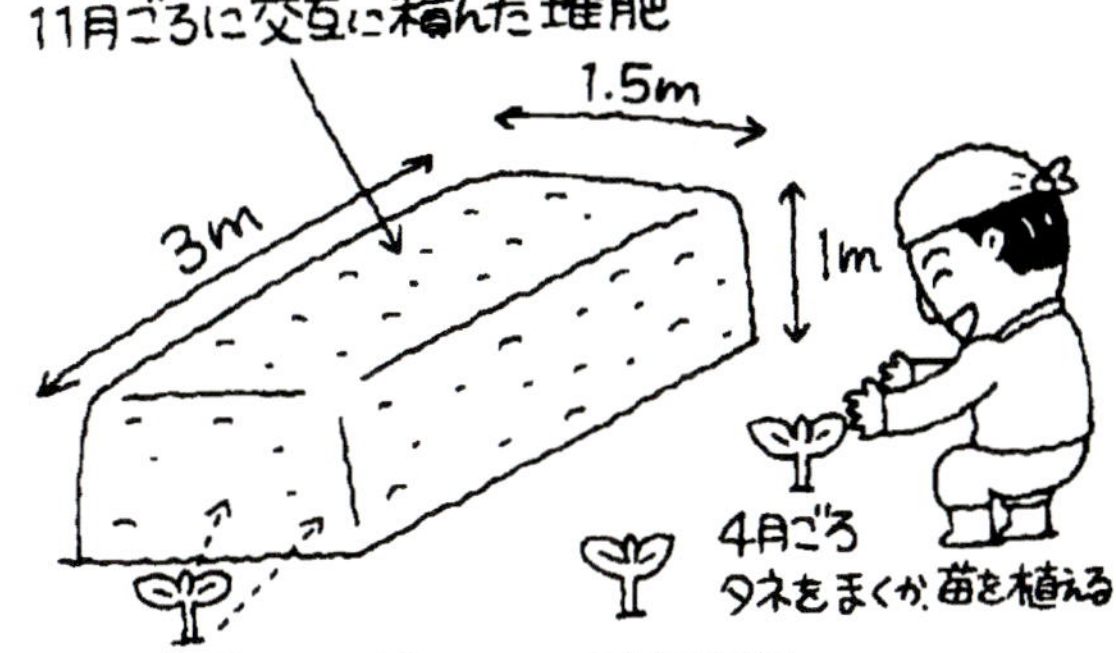

他の野菜は、草を刈って枯れたところに米ヌカをパラパラと撒き、二カ月くらいしたらタネをまくところだけ草をよけ、鍬でけずり、タネをまきます。

いずれも肥料分はわずかで、植物性の原料のみを使い、土の中へは一切入れません。表面に置くだけです。

虫食いも病気もほとんどない

こうして不耕起で、少ない肥料でタネを採りつづけると、近所の

草ひとつない化成肥料を使った無農薬栽培畑では虫に食われて穴だらけのときでも、私の畑では雑草の敷き草に覆われ、土のはね上がりもなく虫食いもなく、元気な野菜が気持ちよく育ってくれます。茎は太くなく、丈も大きくないのですが、スーッと素直に育つという感じです。

タネ採り八年の自生種「春子菜」

中でも宮崎で自生していて、うちのお店に野菜を卸してもらっている方が持ってきた「春子菜」という菜っ葉はタネを採りつづけて八年くらいになりますが、まわりが虫食いでレース状に穴だらけのときでも虫食いや病気はほとんどありません。

寒くなると甘みがのって、とてもやわらかくおいしい菜っ葉です。「春子菜」はタネをまくと、丸い葉とダイコンの葉みたいなのと必ず二種類生えてきます。丸い葉のほうがおいしいので、その中でも形のきれいな色の濃い甘みのあるもののタネを採りつづけています。

特別大きい「ヒョウタンカボチャ」

また、秋に収穫する「ヒョウタンカボチャ」はこの地方でよくつくられるカボチャですが、タネ採りをつづけた私のヒョウタンカボチャは、まわりのものより特別大きいようです。

ヒョウタンカボチャは割ると中はオレンジ色で、タネはヒョウタンの下のほうだけに入ります。夏にとれるカボチャはベチャベチャとしていますが、これはほくほくとして甘くておいしいと評判です。

8年タネを採りつづけている「春子菜」。やわらかくておいしい自生種

自然農法のタネはやはり強い

病害虫に強いと聞いて、自然農法国際研究開発センターのタネを買い、タネ採りも始めました。キュウリの「上高地」「バテシラズ」、トマトの「メニーナ」「ボニータ」、カボチャの「ふゆうまか」など、実際につくってみると元気に育ちました。

以前、トマト苗（F_1と思われる）を買って育てたときには、途中で葉っぱが縮れたり、雨がつづくと腐ったりしましたが、自然農法のトマトはやはり最後まで元気でした。自然農法のタネは肥料をあまりやらない畑向き、露地もの向きに育種されているので、私の栽培に合っているのかもしれません。

この他、葉菜では、タカナ、菜レタス、オカノリ、ツルムラサキなど、果菜ではエンドウ、白ナス、オクラ、カボチャ、スイカ、トマト、キュウリ、ウリ、ピーマン、ラッカセイなど、根菜ではショウガ、ニンニク、サトイモなどをタネ採りしています。

中には父の代から一〇年くらい採りつづけているものもあります。

タネが土地になじんでくる

どうして不耕起・少肥でタネを採りつづけるとこんなに病気に強いのか、よくわかりませんが、私は肥料をあまりやらないところで採ったタネは丈夫になると思っています。

そして何年もその土地でタネを採りつづけることがいいのかもしれません。その土地に合った野菜のタネを採りつづけていると、虫もほとんどつかないし、病気にも強く、肥料も少なくてすみます。本当にラクラク野菜づくりです。

いま育てているタカナも、最初にタネを買ってまいたときにはよくできないところと、きれいにできたところとがありましたが、タネ採りをつづけるうちに土地に合ってくるのか、きれいに育つようになりました。

秋にとる「ヒョウタンカボチャ」。ほくほくとして甘くおいしい。カボチャサラダやそぼろあんかけ、かきあげ、八宝菜などに使います

生きものいっぱいの畑

わが旬の農園のまわりには、トンボや蝶々が飛びかい、小さな虫たちやいろんな微生物が草を堆肥化してくれます。めぐりめぐって自然のサイクルで野菜は健康に育ってくれます。そして野菜をつくっている自分たちがとても幸せな気分になれるんです。畑からすばらしい気をもらっているんでしょうか。とても癒される気がします。

ゆくゆくは自給自足を基本とした生活をしていきたいと考えているので、年をとっても楽しくラクして、ラクラク野菜づくりができるように過ごしてゆけたらと思っています。

不耕起・無農薬で野菜をつくるようになって七年目、今では毎週休みの日に畑に行くのがとても楽しみです。

現代農業二〇〇三年二月号
究極の無農薬には
自家ダネがいちばん！

自然農法国際研究開発センターから取り寄せてタネ採りしているピーマン「自農P-2」。長野で育成したタネはまだ宮崎の土地に合わないのか、1年目は残る株が少なかった。このあとだんだん土地に合って、病気に強くなっていく

タネ採り八年で無肥料無農薬畑に合った品種に仕上がる

千葉県富里市・高橋 博さん（編集部）

甘い。くさみがない。ジュースにして飲ませたら「!? これ、カキのジュースですか?」といった人がいた。そこでこのニンジンは「フルーティー」という名前になった。測ってみたら、カロチンやビタミンが普通の品種の三倍ある。それもそのはず、このニンジン、まったくの無肥料無農薬畑で選抜固定されてきた、生命力極強の品種なのだ。

チッソ極貧の無肥料畑で元気に育つニンジン

三〇年近く無肥料無農薬、外から投入するものはいっさいなし、堆肥さえも入れない。土に含まれるチッソは通常畑の一〇分の一――という高橋博さんの自然農法畑に、試しにF_1の品種を播いてみたことがある。全国的につくられているニンジンの王様品種「向陽二号」。だが、高橋さんの無肥料畑では見事に生育が止まってしまい、まったく育たなかった。

が、そのすぐ横ですくすく育つのが、先の「フルーティー」。品種が違うだけで、こんなにも差が出るものなのだろうか。小さな小さなタネ一粒の中に、それだけの遺伝子情報が詰まっている。無肥料畑で何年も育つうちに、すっかり無肥料で育つ形質を獲得してしまったというわけだ。

ニンジン一〇本からタネ採り開始

高橋さんが自家採種を始めたのは二五年くらい前になる。自然農法に切り替えて三年ほどたったころだ。当時はすでにF_1隆盛時代になっていて、タネが採れる固定種を探すのに苦労したものだが、埼玉の親戚の知り合いにようやくニンジンの自家採種をしているおじいさんが見つかった。頼み込んで、やっとゆずってもらったニンジンが一〇本。

馬込系の品種だということだったが、三寸くらいの短いもので、色も黄色。形も不揃いで、どう見てもあまり魅力的ではなかったが仕方ない。高橋さんは、参考書を片手にタネ採りに挑戦した。一年、二年……、当時は、花が咲くときには雨よけしないと受粉がうまくいかないことなども知らなかったので、タ

高橋博さん。収穫にはまだちょっと早い「フルーティー」を抜いてもらった。無肥料無農薬、堆肥もなしで10a3tくらいは安定してとれる

ネの発芽率がものすごく悪かった。「やっぱり買ったタネのほうが質がいいなあ」と何度思ったかわからない。それでも形質が揃うように形のいいニンジンを選び続け、少しはよくなったように思われた三年目——。

タネ採り三年目の事件

なんと、ニンジンがメチャクチャになった。おそろしいほどバラバラだし、最初にもらったときのニンジンより悪い。「製品」になるものが出ない。全滅だ。固定種といえども、何年かとっているうちに原種が出てきてしまうのだろうか。無肥料の厳しい環境で栽培・採種し続けているせいで、眠っていた遺伝子が目を覚まして発現してきたのだろうか。

だが、高橋さんはあきらめなかった。目をこらして一本一本よーく眺める。すると、メチャクチャばらばらなニンジン数万本の中に、本当にすばらしいニンジン、ほれぼれするニンジンが、四〜五本あった！　高橋さんはこの貴重な四〜五本を母本としてまた植え直し、タネを採り続けたのだった。

……このことは、のちのち高橋さんにとっても大きな影響を及ぼした。自然農法の大家である高橋さんのところにはいろんな人間が研修に訪ねてくるわけだが、それはそれはいろんな人がいる。なかにはどうしようもない人もいるのだが、どんなにダメ人間でもその人のどこかには素晴らしいものがある。目をこらしてそれを見つけること、そしてそれを大きく伸ばしてやること……。自家採種を続けることで、高橋さんにはそういう実力がついた。人との出会いや教育と、タネ採りはそっくりなのではなかろうか。

その後、五年目、六年目とニンジンはだんだん揃ってきた。タネ採りを始めてから八年ほどたったころ、ようやく「これでいいかな」という感じの品種になった。病気に強くて姿のいい気に入ったニンジンを選んできただけなのに、なぜか甘くておいしいニンジンになった。「フルーティー」の誕生だ。

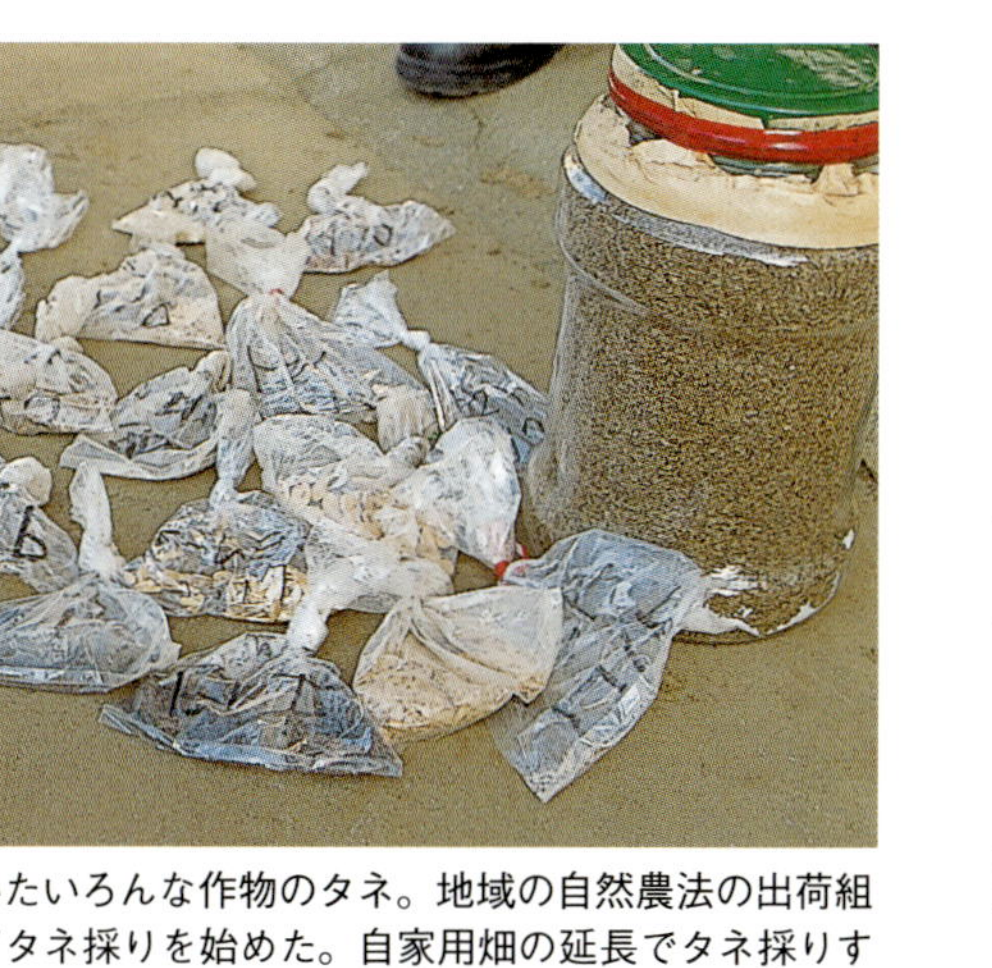

高橋さんの冷蔵庫に入っていたいろんな作物のタネ。地域の自然農法の出荷組合の仲間と、作物を分担してタネ採りを始めた。自家用畑の延長でタネ採りすれば無理がかからない。右のビンはニンジンのタネ

八年で、どんな品種も自分の畑に合う

その後いろんな人の話や仲間の畑を見たりしても、タネがその畑になじむようになるまでには三年かかる。四年目からは固定されてきて、品種として完成するにはやはりほぼ八年。種苗会社の人に聞いてもそういっていた。八年あれば、ほぼどんな品種でも、その畑用の品種に変わる。もとの品種はF_1でも固

採種間近のニンジン

定種でも何でもかまわない。自分の好きに選び続ければ、当初とはまったく違った品種に仕上げることも可能だと高橋さんは思う。

タネ採りは気の長い作業だ。手間もかかる。経費もかかる。だから、タネ代が高くなるのはある程度仕方ない。だが、農家の経営がどんどん厳しさを増す昨今、経費削減のためにも、タネは自分で採るようにすべきではなかろうか、と高橋さんは思っている。自分で採れば、自分の畑に合ったタネにできる。無肥料無農薬などという過酷な環境にさえも耐え、生命力が強いせいか栄養価も高く、おいしい品種にまでなってくれる。

タネは変化する。それを存分に味わえることがタネ採りの醍醐味だ。

現代農業二〇〇六年二月号
無肥料で育つニンジン品種が誕生するまで

（自然農法成田生産組合のやり方）

母本選抜。頭も尻も詰まりがよく、色がよく、寸胴に近い形状の素晴らしい個体を選ぶ。高橋さんは、出荷調製作業中に気に入ったものをハネておくんだそうだ

選んだ母本はその日のうちに植え付け（秋なるべく早く、地温のあるうちに植えたい）。90㎝×60㎝。霜にやられないよう、ニンジンの肩がすっぽり埋まるくらい深植え。もちろん無肥料

4月上旬、新芽が出てきた様子

5月上旬頃、勢いのいい天花を切って、他の花を均等に大きくする

ニンジンのタネ採り法

5月中旬頃、1株当たり6～8花に数を揃える。すると数日後に側枝（わき芽）が出てくるので、それを全部とる。放任すると、力のないタネしか採れない

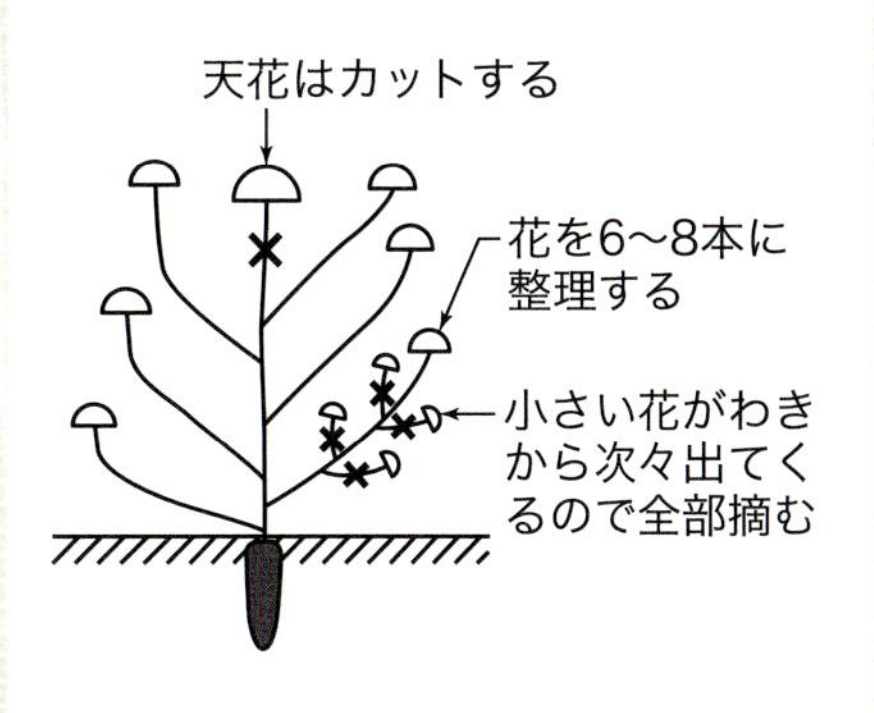

6月上旬頃、花が咲いた状態。雨よけトンネルをかける。倒れないよう支柱もする。このまま花がキツネ色になるまでおく

7月下旬～8月
タネを採ってきたらヘアーブラシで落とす

タネを乾燥させる（ヘアーブラシで落とさず、花の形のまま乾かしてもいい）

ノゲ取り機（もちつき機のようなもの。高橋さんの地域ではホームセンターで売っていた）の蓋に重石をかけて10分くらい運転すると、タネがよくはずれる

ふるいにかけて、
ゴミ落とし

2～3時間水選。2割くらい浮くので、沈んだタネをとってまた乾燥させる。保存は乾燥剤を入れたビンや缶で、冷暗所に

F1大玉トマトから自家採種

無肥料栽培向き品種を選抜・固定

北海道恵庭市・「恵子ガーデン」（取材・木村信夫）

坂本一雄さん・久子さん夫妻と連続成りするミニトマト（倉持正実撮影、以下Kも）

「恵子(エコ)ガーデン」――この名には「恵庭(えにわ)＝恵みあふれる子どもたちの庭」という願いと、エコすなわち自然と人の永続する交流を、との思いが込められている。

開設者の坂本一雄さん（七〇歳）は、お母さんとともに自然農法を始めてから、すでに五〇年。勤めながらの栽培から、いまは奥さんの久子さん（六九歳）とともに自在な農耕生活をしながら、恵庭市の事業「子どもふれあい農園」の園長、家庭菜園サークルの講師を務めるなど、「自然と農の恵み」を市民に、子どもたちに届け広げる活動を続けている。

作物残渣と敷き草だけで育つ一二〇種の野菜・草花

恵子ガーデンの面積は約一七a。そこには五〇種類（品種）もの野菜が育っている。大豆やトウモロコシ・ソバなどの作物と、草花や緑肥・被覆植物もあわせると、一二〇種類を超える。そのほとんどが自家選抜・自家採種のタネだ。

恵子ガーデンでは、肥料はゼロで、施すものは作物残渣や隣の空き地の草の敷き草だけ。代わりにトマトとニラ、ジャガイモとマリーゴールドとエンバクというように、植物どうしが助けあうコンパニオンプランツの混作・間作で栽培している。そのための多種類栽培でもある。これにより、トマトでも何でも「共育ち」の「自力生長」で本来の力を最高に発揮して、強くおいしく育つ。もちろん農薬はまったく使わない。

坂本夫妻が畑にいるときは、近所の人びとの出入りは自由だ。親子で恵子ガーデンにやって来ては、作業を手伝い、収穫した野菜料理で野外パーティーを楽しむ。ここのトマトが大好き、ピーマンを食べられるようになった、という子などなど、子どもたちが「自然の恵みの味」をいっぱい楽しめるガーデンである。

そして、そのもとには、無肥料・無農薬の畑にピッタリあった自家選抜・自家採種がある。

F1大玉トマトから大玉・中玉・ミニのオリジナル品種をつくる

左ページの写真のミニトマトは、五月下旬

に定植し、八月初めの収穫開始から一カ月たち、三段目を収穫中だ。

下から上まですべての果房に連続着果し、四段、五段になると一果房当たりの着果数が増え、二〇g程度の玉が四〇～五〇個もついてきれいに実る。十月中旬に入ると、玉がやや小さめになるが、霜が来るまで元気に着果・着色して楽しめる。

糖度は八～九月の最盛期は九～一〇度あり、十月の涼しい時期に入っても八～九度と甘い。甘いだけでなく、トマトらしい味の濃さが、子どもたちの味覚として残る。

じつは、このミニトマト選抜の出発点は、大玉トマトのF_1品種だった。二五年ほど前、何年も連作できているというハウスでとれた大玉トマトを一個もらってきた。これからタネを採って、翌年まいて育てたところ、多くは大玉の株だったが、F_1の交雑親に先祖返りしたためか、中玉とミニの株が少し出てきた。

当時はミニトマトがまだ珍しかったので、坂本さんはミニが欲しくて、ミニの株から採種して、その翌年に育ててみた。すると、今度も、大玉・中玉・ミニの三タイプに分かれた。それから先は、大玉から大玉、中玉から中玉、ミニからミニを残すことを年々繰り返して、生長と着果の良いもの、味の良いものを選んでいった。

固定は大玉が早く四、五年、次いで中玉が六年くらいで、現在のオリジナル品種が得られた。ミニは、味や成りにばらつきがあって、一〇年ほど要して、二〇gの玉が揃い連続着果するものが固定できた。

収穫開始1カ月。糖度9 ～ 10度で味が濃く、下葉は元気。白い花は混植のニラ（K）

無肥料・無農薬栽培を支える力強い根。苗を３節分くらい土中に寝かし植えしている

無肥料・自家採種が「自力生長遺伝子」を引き出す

かつて、ボカシ肥がいいというので動物質発酵肥料を与えたときには、トマトの茎は親指ほどに太くなり旺盛に生育したものの、エキ病で下葉から枯れ上がり、尻腐れも発生、ウドンコ病・コナジラミで株が白くなってしまった。七、八段目以降は着色しなかった。

そこで、肥料になるものは定植時の敷き草だけとし、茎は中指ほどの太さに抑える。坂本さんは、自分の選抜品種にとってチッソ量が多いことは邪魔、少量でバランスの良いことこそ大事という。だから草や残渣も土にすき込まない。分解が早まり、チッソが急に効くからだ。

トマトの根は三mも伸びていき、少ない肥料分をよく吸収・利用する。恵子ガーデンの土は火山放出の砂れき混じりの砂壌土で、地力の低い土である。そんな土で続けてきた大玉トマト五年、ミニトマト一〇年の自家選抜・自家採種とは、無肥料・無農薬でよく育つ力＝「自力生長遺伝子」を顕在化させ、「土―品種の最適コンビネーション」をつくるための選抜・採種だった。

自然交雑の楽しみ ピーマン×なんばん＝甘ナンバン

自家採種の楽しみの一つに、自然交雑もある。隣りあわせのピーマンとなんばん（赤トウガラシ）が交雑したらしく、採種してまいた中に小ぶりの株があり、ピーマンともなんばんともつかない、ずんぐりした実がひとつ成った。そのタネを採ってまいたところ、株によって細長いのと短く太いのが成った。辛くなくて長いものからタネ採りを続けて、ピーマンより肉厚で甘く、グリーンのときはもちろん、真っ赤になってもおいしく食べられるものが固定できた。

彩りがいいので、焼肉も楽しい。周りの人びとと楽しみ、「甘ナンバン」として、道の駅に試食付きで出し、反響を見ているところだ。

坂本さんがF1品種から固定したトマト。上や左のような大玉F1から大玉・中玉・ミニを得た

ピーマンとなんばんの自然交雑で生まれた「甘ナンバン」

無肥料・連作を支える コンパニオンプランツも自家採種

肥料っけのない畑で「自力生長」する野菜は、連作にも強い。もちろん輪作がベースで、大豆・小豆、タマネギ、ニンジンなどは順次場所を替え、それにつれて他の作物も移動するが、連作可能な作物が多いと、多品目栽培がグンとやりやすくなる。坂本さんは、ゴボウ、ナガイモ、ジャガイモ、ニンニク、ニラなどは連作気味で、トマト・ミニトマトも自家選抜・採種の結果、数年の連作ができるようになった。

無肥料・連作を支えるのがコンパニオンプランツだ。ブロッコリーにはペチュニア・サルビア、土壌センチュウ害予防にはマリーゴールド、ウドンコ病菌の侵入防止にはヒマワリ・コスモスなど、草花が大事な役割を果たしている。花はガーデンの楽しみだから、第一に美しいもの、見てホッとする色あいのものを残す。

同時に、間作・混作に適したものを揃える。たとえばジャガイモの土寄せ後、溝に播くマリーゴールドは、ジャガイモ倒伏後に急速に伸び、収穫前に六〇cmほどになって敷き草できる大型品種が適している。草量の多いマリーゴールドは、あとでまくエンバクとともに冬、雪の下でゆっくり分解し、春には布団のように土を覆う。直射日光を遮り、乾燥防止・水分安定と地温上昇、微生物・小動物の好適活動条件という効果をもたらす。

一方、畑の周りには小型のマリーゴールド……というように、ガーデンの植物すべて、「共育ち」「自力生長」のために、いのちを丸ごと活用して循環を強めるよう選抜・採種の目が向けられている。

野菜・作物・草花・被覆植物など120種類が育つ恵子ガーデン（K）

現代農業二〇〇八年二月号
F1大玉トマトから誕生
無肥料栽培向きミニ・中玉・大玉品種

＊坂本さんのご事情により、問い合わせ・見学などには対応できません

タネの採り方――ミニトマトの例

自家選抜・採種はむずかしいものではない。その代わりに、ある程度の年数をかけ、自分に合ったものを探し続けるという「楽しみの根気」が必要だ。

坂本さんのやり方は、まず、生育・着果・果形・味など目的とする性質をもった元気な株を選ぶ。トマトではもっとも力を発揮する三段目くらいの果実を残して、食べ頃よりも熟させ、皮がたるみ出した頃にとる。その後、三〜七日保存して追熟させて、タネに養分を入れる。

熟した果実をとったら、適当に切って、金網に入れて水に浸ける。タネをほぐし出して、周りのヌルヌルを洗い流す。浮いたタネは充実が悪いので除く。

水からあげて、紙の上に広げ、二〜三日かけてよく干し、色や形の変わったものを取り除く。保存は、紙に包むかフィルムケース・名刺入れなどに入れて、暗いところに置く。

タネを洗い出しているところ。浮いたタネは除く

難しいこと言ってないで

とにかくやってみよう 無肥料でタネ採り

MOA自然農法文化事業団・後藤久美子さん（編集部）

苦手のキュウリがどんどんとれた

自然農法歴約四〇年の葛巻ヒサさんは、ナス名人。肥料らしきものは落ち葉の自然堆肥だけ、農薬はいっさい使わずに、ピッカピカのナスをわんさかとってきた。

でもなぜかキュウリは苦手。すぐに病気がついて「いっつも枯れてた」。

そんな葛巻さんのキュウリが、二〇〇八年は違った。自然堆肥すら入れない完全無肥料の畑なのに、いつまでも樹に勢いがあって、次から次へと実がとれた。もう嬉しくってしょうがない。

じつは「タネが違ったの」と葛巻さん。それまでは市販の適当なタネを買って使っていたのだが、今年は近所のタネ採り名人ばあちゃんが、自然農法の畑で三年間自家採種したタネをもらってまいてみたらしい。

左は市販のタネから育てた苗、右が無肥料・無農薬で育てた葛巻さんの苗。自家採種のタネから育てた苗は驚くほど生育がよかった

すると苗の段階から、「ホントに驚くくらいに違ってた」。無肥料の同じ培土で育てた市販のタネと比べると、圧倒的にばあちゃんのタネのほうが元気がいい。定植後も、市販のタネの苗は、やっぱり病気がついてダメになってしまった。

しかもばあちゃんのタネから育てたキュウリは、パリパリして甘みもあっておいしかった。無肥料・無農薬でも丈夫でたくさんとれて、しかも味がいいとなれば言うことはない。

「タネってホントに大事だねぇ」とつくづく感じた葛巻さん、これからはもっとタネ採りを勉強して、毎年自分でタネを採ってやろうとワクワクしている。

過酷な環境だから「自立型」のタネができる

じつは今、自然農法実践農家の間では、葛巻さんのようにタネ採りに目を向ける人が、急速に増えているらしい。

昨今の資材代高騰は、いかに自然農法の生産者でも影響がある。有機質肥料など資材の量をできるだけ減らしてもいいものをとろうと考えると、しっかり根っこを伸ばして自分で肥料を集めてくる力が作物に必要になる。そんな「自立型」の作物のタネは、肥料や農薬をたっぷり使った圃場からは生まれない。自然農法の過酷な環境でもちゃんと育つ個体を選び、自分でタネ採りしたほうがいいというわけ。

とにかくまず採ってみよう

ただ「自家採種」というと、なんとなく難しいイメージがある。交雑しないように袋を被せて…とかいろいろと神経を使いそう。

ところが自然農法の研究を行なう大仁農場

の育種部門担当・後藤久美子さんは、「多少交雑してもいいじゃないですか」とサラッと言う。

自分で採ったタネで作った作物は、市販のタネの作物より不揃いかもしれない。でもひょっとしたら、見たこともないようなスゴイものができるかもしれない。そんなワクワク感は、ビシッと同じものしかできない市販のタネでは味わえない。

何より自分で採った貴重なタネは、愛しくてまくだけでもう楽しくなる。だから「混ざったらどうしよう」と心配する前に、「とにかくまず採ってみましょう！」と後藤さんは呼びかける。

MOA 自然農法文化事業団・大仁農場の後藤久美子さん（左）と伊藤進さん

「タネ採りのしやすさ」四段階

大仁農場では、まだタネ採りしたことがない人に向けて「とりあえずこんな作物からタネ採りを始めてみたら」という意味で、作物を四段階にランク付けしている。交雑しやすさなど、高度な知識はこの際関係ない。とにかく「タネ採りのしやすさ」だけ考えた順番である。

第一段階 **タネそのものを食べる作物**

穀類・イモ類・ダイズやアズキ等のマメ類など、そのものをまくか植えるかするだけで作物ができるもの。もちろん一番タネ採りしやすい。

第二段階 **完熟した実を食べる作物**

スイカ・カボチャ・メロンなど、完熟した実を食べるときにタネをとっておくだけでいいもの。

第三段階 **完熟するまで待たなければならない作物**

ナス・ピーマン・トマト・キュウリ・オクラ・インゲン・エンドウ・トウモロコシなど、実を収穫せず樹についた状態で完熟するまでしばらく待ち、あとでタネを取り出す必要があるもの。

第四段階 **花を咲かせなければならない作物**

アブラナ科の菜っぱ類・レタス・ホウレンソウ・ネギ類など、普通は花が咲く前に収穫してしまうものを畑に残しておき、花を咲かせてタネができるまで待たなければならないもの。

第3段階の作物ピーマンのタネ
実が緑のときのタネは小さくて平べったいが、熟して赤くなってくるとタネがプクッと膨らんでくる

第4段階の作物
ツルムラサキの実
きれいな花が咲いた後、こんな実ができる

「お気に入り」を大雑把に選ぶ

タネを採る楽しみを覚えたら、次がタネを「選んで採る」段階。ここを専門的にやろうとすると神経を使うが、やっぱり難しく考えないほうがいい。とにかく「自分の圃場でよく育つもの、好みのもの」を選んで採る。たとえば「食べてみておいしかった」実のタネを残しておくとか、「形のいい」実や葉を収穫せずに残しておくとかいった要領だ。

参考書には、いいものばかりを選抜していると、やがてタネができにくくなる性質（自殖弱勢）があるので気をつけるとか書いてある。たしかに厳密に性質の揃ったものばかりを選抜して自家採種を繰り返していると、タネができにくくなってくることはある。

でも育種の専門家と違って「これとこれがよさそうだ」くらいに大雑把に選んでいる分にはそんな心配はほとんどない。どうしても心配なら、タネ採りする個体の数を増やしてやや大雑把に選ぶか、「タネができにくくなってきたなー」と感じたら、意識して生育の勢いがいい個体を選んでやればいい。

だいたい同じだけど やや違う固定種がオススメ

タネ採りの元になる品種はなんでもいいのだが、後藤さんのオススメは、やっぱり固定種。

タネ屋さんに多く並んでいるF1品種は、メーカーが二つの異なる固定種を掛け合わせて作った雑種。一代目はカチッと性質の揃った作物ができるが、タネ採りすると、普通は親とは似ても似つかない性質のものがバラバラにできる。

もちろんそのなかから気に入ったものを選ぶのも楽しいが、親を上回るようなものができるかどうかはわからないし、できたとしても固定するのに膨大な時間がかかる。

いっぽう固定種は、親も子供もだいたい同じなのだが、形や色などがやや違ったり、多少幅をもって性質が表われる。この「同じだけどいろんなものが出てくる」という幅が重要で、親に似ていながら、もっと自分が好きな性質を持った個体が出てきやすい。オリジナル品種が作りやすいのだ。

とくに地域に伝わる在来種がいい

大仁農場でもこれまであらゆる作物のいろいろな品種を栽培し、自然農法でも作りやすいものを選んできた。なかでもとくに自然農法向きと感じた品種もある。たとえばスイカの新大和二号・キュウリの霜しらず地這・甘トウガラシの伏見甘長、サツマイモのベニオトメなどである。

また普通は病気にやられやすいから自分で

大仁農場で採ったタネの一部。ほとんど固定種だが、ナスのタネは、F1の千両２号から10 年以上かけて選抜したもの

種イモはとれないと言われているジャガイモでも、デジマやホッカイコガネ、アンデスレッドなどは、種イモをとってもほとんど問題ないし、自然農法でも作りやすいという。

ただし以上の品種は、あくまで大仁農場でよくできるもの。同じ品種を別の地域や圃場で作っても、育ち方はぜんぜん違うという。たとえばサツマイモの高系14号は、大仁農場ではまったくうまくできないが、鹿児島ではとってもよくできたりする。

だから後藤さんは、固定種のなかでもとくに「地域に伝わる在来種がいい」という。気候や土質に合っているので作りやすいし、性質に幅もあるからおもしろみもある。また地域の伝統の味を次の世代に伝える意味でも、タネ採りする意義が大きいからだ。

大仁農場のニンジンの採種圃。無肥料・無農薬であることはもちろん、耕さず雑草もほとんどとらない過酷な環境。ここから「自立型」のタネができる

多様性のあるタネほど夢がある

それでも「大仁農場で自然農法に向く品種のタネを作ってほしい」という声もあるが、やっぱりタネは、自分の畑で選んで採るのが一番いい。そこで大仁農場では、「多様性を持った固定種」を育成し、タネが欲しいという人には「タネ採りの基本」を伝えながら提供している。そのほうが地域に合ったオリジナル品種を作りやすいし、「夢がありますよね」と思うからだ。

現代農業二〇〇九年二月号
難しいこと言ってないで
とにかくやってみよう無肥料でタネ採り

タネ採りの基本

ここで紹介するのは、いろんなタネに共通する「タネ採りの基本」。ちょっと難しいタネ採りに挑戦するときは、参考書などを見るといい。

①厳しい環境で育てる

無肥料・無農薬であることはもちろん、耕耘もあまりせず、雑草もあまりとらないような厳しい環境に母本（タネ採りする樹）を置き、「鍛え抜かれたスポーツ選手のように」たくましく育てる。

ただし母本が充実していないといいタネが採れないので、弱りすぎない程度にする。

②完熟させてからタネを採る

ナスなど三段階の作物は、十分に熟すまで実を樹につけたままにし、とってからも一～二週間追熟させてからタネを採る。

③タネの周りに水分があるものは水選、ないものは風選する

メロンやトマトなど、もともとタネの周りに果実の水分がある作物のタネは水に入れ、沈んだものだけをとる。

いっぽうネギやニンジンなどタネのとき周りに水分がない作物のタネは、水に濡らすとすぐに発芽してしまったり、発芽率が落ちたりする。唐箕などを使って風選する。

④乾燥・低温・光のない状態で保管

選別したタネは、まず天日で一時間ほど干して水分を飛ばした後、指で押すとカチッと硬く感じるまで十分に陰干ししてよく乾かす。ただし強い天日に当てすぎるとタネが弱り、発芽率が落ちるので注意する。

封筒や紙袋など湿気のこもらないものにできれば乾燥剤と一緒に入れ、冷蔵庫など温度が低くて光の入らない場所で保管する。

本書は『別冊 現代農業』2016年７月号を単行本化したものです。

著者所属は、原則として執筆いただいた当時のままといたしました。

農家が教える
自然農法
肥料や農薬、耕うんをやめたらどうなるか

2017年２月10日　第1刷発行
2023年２月25日　第7刷発行

農文協　編

発 行 所　一般社団法人　農山漁村文化協会
郵便番号 335-0022 埼玉県戸田市上戸田2-2-2
電 話 048(233)9351(営業)　048(233)9355(編集)
FAX 048(299)2812　振替 00120-3-144478
URL https://www.ruralnet.or.jp/

ISBN978-4-540-16185-8　DTP製作／農文協プロダクション
〈検印廃止〉　印刷・製本／凸版印刷㈱